I0428534

De la Terre à l'Univers

Thomas Forest

SOURCES DES ILLUSTRATIONS

Canva
Wikimedia
NASA

À PROPOS DE CE LIVRE

Je suis ravi de vous présenter "De la Terre à l'Univers", un livre captivant qui tire ses racines d'un podcast tout aussi passionnant : ASpaceMR

Si vous souhaitez revivre cette incroyable aventure après votre lecture, je vous invite à visiter ASoundMR.com, où vous retrouverez le récit de ce premier ouvrage, sous le même titre.

Non seulement vous pourrez profiter de la narration de l'auteur, mais vous serez également accompagné-e par un mix musical spécialement conçu par Redscape, qui a également réalisé le montage, le mixage et le mastering du podcast.

Plongez-vous dans ce voyage unique alliant récit littéraire et ambiance musicale, et laissez-vous emporter à travers les étoiles et au-delà, en scannant le QRcode ci-dessous :

REMERCIEMENTS

Je tiens à exprimer ma profonde gratitude envers Redscape pour son incroyable soutien et sa précieuse collaboration tout au long de cette extraordinaire aventure spatiale.

Son encouragement constant, son expertise et sa passion pour l'astronomie ont été des moteurs essentiels dans la création de ce projet captivant.

Travailler ensemble pour donner vie à ce récit a été une expérience inspirante et enrichissante, et je suis honoré d'avoir pu compter sur son expertise et son amitié tout au long de ce voyage.

Merci infiniment, Redscape, pour avoir contribué à faire briller les étoiles de cette aventure d'une manière unique et inoubliable.

Salut à toi lecteurice ! Es-tu prêt-e à explorer avec moi l'Univers ?

On va se mettre en condition tout d'abord.

Idéalement, allonge-toi confortablement pour la lecture de ce livre, n'hésite pas à bouger si besoin.

Installé-e ? Parfait. on va faire une respiration calme.

Inspire

Expire

On va planter le décor ensemble, je te guide et toi tu crées le monde autour de toi.

Imagine toi au sommet d'une colline. C'est la plus haute des environs. Autour de toi, que de la verdure, et en contre-bas un paysage vert et vallonné.
Au loin, un village dont tu aperçois à peine quelques fenêtres allumées.

Le soleil s'est couché depuis quelques heures maintenant, la nuit est douce, calme, il fait bon et tu es seul-e, bercé-e par les bruits rassurants de la nuit.

Essaye d'imaginer les odeurs des plantes autour de toi. Avec l'humidité de la nuit, les plantes diffusent un parfum agréable.

Profitons-en un instant...

...

On est bien ici, non ?

On va profiter ensemble de ce moment de détente pour voyager dans l'espace, je vais te raconter tout ce que je sais sur l'Univers et te conter quelques légendes plus ou moins connues.

Tu verras, l'espace c'est fascinant.

Je te rassure, on ne va pas rentrer dans des détails techniques complexes, non. Pas besoin d'être un scientifique pour apprécier le grandiose.

Peut-être as-tu peur de casser la magie apprenant ce qu'il y a dans le ciel ?
Je te promets qu'au contraire, je n'ai jamais trouvé ça plus féérique que depuis que j'ai appris tout ce que je vais te transmettre.

On passe de trouver le ciel magnifique à ... non je n'ai pas de mot.
Et tu n'en auras pas non plus, mais tu auras des étoiles dans les yeux.

En plus, je me doute que tu as plein de questions dont tu ignorais complètement la réponse, voir même, des aspects du ciel dont tu ne t'es jamais douté.

Alors bonne lecture, et bon voyage.

Sommaire

Chapitre 1
Premières observations

Tu es toujours sur ta colline ? Parfait.

Lève les yeux vers le ciel et admire les étoiles au-dessus de toi.

Comme on est loin de la pollution lumineuse de la ville, le ciel ne t'a jamais paru aussi rempli d'étoiles.

Le contraste est saisissant. un fond de ciel plus noir que jamais et des étoiles plus nombreuses que tu ne pourrait en compter.

Comme tu es en hauteur, le ciel s'étend jusqu'à l'horizon tout autour de toi et forme cette coupole scintillante.

Combien d'étoiles penses-tu voir ? Des milliards ? des millions ?

Les bons logiciels d'astronomie amateur recensent dans notre ciel environ 10 000 étoiles.
Mais les estimations du nombre d'étoiles que l'on peut distinguer, depuis chacun des hémisphères de notre planète et sans utiliser d'instrument, tournent plutôt autour de 3 000.

Ce qui n'est qu'une infime partie des 200 milliards d'étoiles que contient notre galaxie, la Voie lactée. Et ne parlons même pas du million de milliards de milliards d'étoiles qui sont censées peupler notre Univers !

Est-ce que tu sais qu'il n'y a pas que des étoiles dans le ciel ?

De la même manière que l'on dit que tout ce qui brille n'est pas de l'or, tout ce que tu vois dans ce ciel et qui brille n'est pas une étoile.

Enfin, étymologiquement, si, puisque étoile vient de "stella", qui désigne ce qui brille.

Déjà, si tu vois une étoile filante, fais un vœu, mais sache que cela n'a rien à voir avec une étoile. Je t'expliquerai ce que c'est plus tard.

Mais c'est quoi une étoile, au juste, astronomiquement parlant ?

Les étoiles, ce sont des corps célestes plasmatiques qui rayonnent leur propre lumière par réactions de fusion nucléaire.

En des termes plus simple : c'est de la matière qui, sous son propre poids écrase les atomes et les transforme en d'autres éléments, plus lourds.

Elles sont les usines de l'Univers. Elles transforment les atomes d'hydrogène en des atomes de carbone, de fer.. de tout en fait.
Tous les atomes qui sont autour de nous, qui composent les objets qui nous entourent et la planète sur laquelle nous vivons.

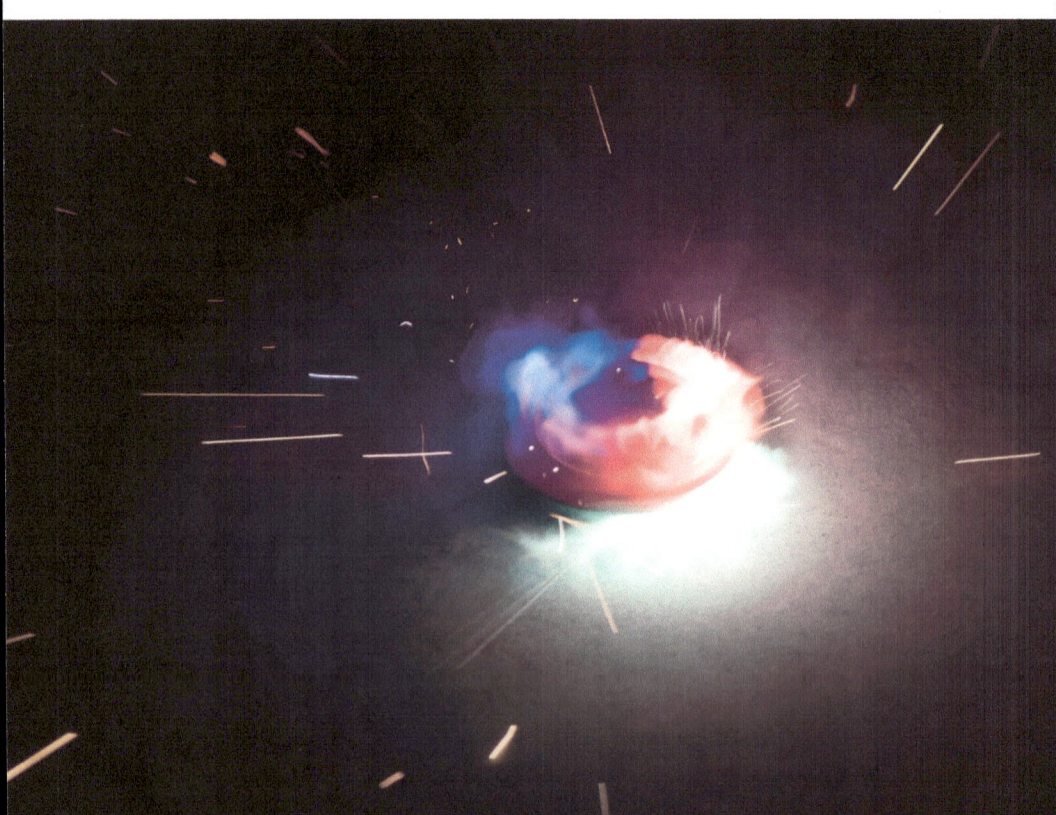

Dans la fabrication de ces éléments, sous une pression et des températures absolument hallucinantes, elles dégagent de l'énergie sous la forme d'ondes électromagnétique, donc de la chaleur, de la lumière, des UV... Mais rassure toi, tu n'attraperas pas de coup de soleil la nuit.

Lorsque la matière à fusionner s'épuise, la plupart ne s'éteignent pas paisiblement : la plupart gonflent et explosent comme une gigantesque bombe cosmique. On appelle ça une supernova.

Parfois, autour de ces étoiles naissantes, la poussière se met à tourner assez vite pour ne pas y être aspirée. Si elle est suffisamment dense, la matière se regroupe et forme des corps rocheux ou gazeux qui attirent à eux de la poussière comme le ferait une boule de neige et cela forme ainsi les planètes.

Nous, les animaux, les plantes, le sol qui nous porte et l'air que l'on respire a donc un jour été créé au sein d'une étoile.

Tout n'est que poussière d'étoile.

Parmi les points lumineux, il y a aussi certaines planètes qui sont observables à l'œil nu. On a vu tout à l'heure que les planètes sont des corps qui tournent autour d'une étoile.

On les distingue dans le ciel car elles ont souvent une couleur particulière, Vénus est blanche, mais Mars est rouge, par exemple. Elle ne scintillent pas, non plus, contrairement aux étoiles.

Elles font toutes partie du système solaire, avec au centre, notre étoile : le Soleil.
D'ailleurs, le Soleil c'est la seule étoile que l'on voit en plein jour !

Pourquoi le nom "planète" ?

Cela signifie en grec "astre errant" ou "vagabond", car par rapport aux autres étoiles qui semblent fixes, ces astres se déplacent sur la voûte céleste. Tu ne les verras pas se déplacer à l'œil nu, mais d'un mois à l'autre, elle ne seront pas exactement au même endroit.

C'est de l'observation de leur déplacement qu'a pu d'ailleurs émerger la conclusion que la Terre et nous n'étions pas au centre d'un système mais bien juste l'un des corps orbitant autour de notre cher Soleil.
Mais nous parlerons un peu plus en détail des planètes dans un autre voyage.

Pour les étoiles filantes, on est encore plus loin des étoiles, ou plus près de nous.

Les étoiles filantes sont des débris spatiaux, de la poussière ou de minuscules cailloux qui foncent dans notre atmosphère à toute vitesse et, sous les frottements de l'air sur eux, montent en température et y brûlent faisant briller l'air autour d'eux .

Si ces étoiles filantes étaient plus grandes et venaient à ne pas se consommer en entier avant de toucher le sol, on appellerait ça des météorites.

Leur origine peut varier : débris liés aux humains (même si c'est rare), tout petits astéroïdes (là aussi c'est rare) ou encore des restes laissés par le passage d'une comète.

Un exemple bien connu dans l'hémisphère Nord est le moment entre le 23 juillet et le 20 août, où la Terre traverse un nuage constitué de débris de la comète Swift-Tuttle et dont la taille est comprise entre celle d'un grain de sable et celle d'un petit pois.
Puisque les traînées de la pluie d'étoiles filantes semblent provenir de la constellation de Persée, leur nom est devenu « Perséides ».

Si parmi les points lumineux, tu vois un jour un flash unique, tu n'as peut-être pas eu une hallucination.
Certains satellites peuvent, avec leurs panneaux solaires, refléter un court instant la lumière du Soleil.

De même, un satellite énorme et connu peu parfois être distingué : l'ISS, la station spatiale internationale. Le mobilhome spatial de l'humanité qui fait le tour de la planète toutes les 90 minutes environ.

Enfin, si tu vois passer une lumière qui clignote et traverse le ciel à vitesse régulière... c'est très probablement un avion !

Prends donc le temps d'admirer la beauté qui s'offre à toi.

Perds donc ton regard dans cet océan de lumières.

CHAPITRE 2
LA LUNE

Avec les étoiles, les planètes, les étoiles filantes, le satellites et les avions,
On a à peu près listé tout ce que l'on peut apercevoir dans le ciel...

Sauf son objet le plus visible et le plus facile à apprécier : La Lune,
compagne fidèle de la Terre, symbole de la nuit.

Qu'est-ce que c'est exactement ?
D'où vient-elle et pourquoi ne voit-on pas son côté obscur ?

Alors déjà un premier point : il n'existe pas de côté obscur de la Lune.
Il y a un côté qui nous est impossible à voir depuis la Terre, mais le côté
opposé est autant éclairé que celui qui nous fait face.

Lorsque la Lune nous présente un fin croissant, c'est d'ailleurs
précisément parce que c'est l'autre côté qui est majoritairement éclairé.

Mais alors pourquoi la Lune ne semble pas tourner sur elle-même ?
C'est tout simplement parce que pour chaque rotation autour de la Terre, elle effectue aussi exactement un tour sur elle-même. Mais cela n'a pas toujours été le cas.

C'est un phénomène qui a mis des milliards d'années à se produire, petit à petit. et cela est lié aux marées.

Tu sais que c'est la Lune qui est responsable des marées ? Son attraction, sa gravité, imperceptible pour nous, lorsqu'elle est appliquée sur toute l'eau des océans, tire l'eau en direction de la Lune et en faire monter le niveau.

En réalité, elle n'attire pas que l'eau, mais déplacer un liquide demande bien moins de force que, par exemple, la croûte terrestre.

Et bien, il faut savoir que la Terre crée aussi des marées sur la Lune. Forcément, comme il n'y a pas d'océans, il n'y a pas de niveau d'eau qui monte, mais la surface de la Lune est un peu plus bombée du côté de la Terre.

Lorsqu'elle tournait plus vite sur elle-même, cette bosse se déplaçait tout autour de la Lune. Cette bosse, avec la rotation de la Lune, avait toujours un petit décalage qui tirait légèrement la Lune dans le sens inverse de sa rotation, et cela a fini par bloquer la Lune dans une certaine orientation par rapport à la Terre.

Alors, oui, il y a aussi le même phénomène qui se produit au niveau de la Terre. Sa rotation est aussi ralentie par la Lune, mais sa masse est telle que la Lune ne sera probablement jamais bloquée dans le ciel... en tout cas, pas avant que le Soleil ne s'éteigne.

Mais d'où vient-elle, la Lune ?

Est-ce une planète capturée par la Terre lors de la formation du système solaire et qui s'est mise à tourner autour d'elle ?

En partie, oui, mais en bien plus violent.

Suite aux missions Apollo, et à l'analyse des roches rapportées de la Lune, on s'est aperçu qu'il s'agissait de roches similaires à celles présentes sur Terre.

Si nous n'avons pas de réponse définitive, nous avons néanmoins une théorie qui fait consensus au sein de la communauté scientifique.

Il y a 4,5 milliards d'années, lorsque le système solaire était toujours en train de se former, et environ 100 millions d'années après la formation de la Terre, la poussière de la nébuleuse originelle avait presque fini de s'agglomérer en planètes.

Mais il y a avait une planète naine, Théia, un peu plus petite que la Terre, presque de la taille de Mars, soit 6 500 kilomètres de diamètre, qui avait une orbite très proche de celle de la Terre.

A force de se frôler, la gravité les a attirées l'une vers l'autre et elles se sont percutées à 40 000 kilomètres par heure.

De cet impact titanesque, il reste deux aspects encore présents aujourd'hui : l'inclinaison de l'axe de rotation de la Terre à l'origine des saisons et bien sûr... la Lune !

Lors de la collision, des tonnes et des tonnes de matière ont été éjectées du cratère. La Terre était heureusement à peine formée, était encore une boule de magma en fusion et elle a vite retrouvée sa forme sphérique.

Cette matière éjectée est en partie retombée et continue de former notre planète, mais une quantité importante est restée en rotation autour de la Terre.

Pendant cette période, la Terre avait donc un anneau roches et de poussières. Imaginez un peu un anneau barrant le ciel, ça devait être magnifique.
On n'aurait pas survécu 5 secondes à la surface de la Terre à l'époque, hein, mais on peut toujours l'imaginer.

A la manière d'un système solaire miniature, les plus gros blocs ont attiré les plus petits et se sont agglomérés entre eux pour former une boule, notre Lune.

Évidemment, un astre aussi visible a son lot de légendes et de mythes qui l'accompagnent.

En général, elle est représentée comme une version nocturne du Soleil, et dans la majorité des cultures, ils forment tous deux un couple homme/femme.

Au Bénin par exemple, La Lune, Mawu, incarne le féminin.

Elle est la déesse de la Nuit, de la sagesse, et de la connaissance.
Le Soleil, Lisa, représente quant à lui le principe masculin. Il contrôle le déroulement des jours, et détient la force et le pouvoir qui soutient le monde.
Lorsque Mawu et Lisa s'accouplent, une éclipse se produit dans le Ciel.
Tous deux sont ainsi à l'origine du monde, ils sont les créateurs des Dieux et de l'humanité, également vus comme les 2 facettes d'un seul et même Dieu.

Au Japon, c'est l'inverse :

Tsuki-Yomi, Dieu de la Lune, vivait dans ciel avec sa soeur Amaterasu, Déesse du Soleil.

Un jour elle l'envoya en ambassadeur auprès de Uke-mochi, Déesse de la nourriture, pour participer à un merveilleux repas. Mais quand Tsuki-Yomi vit que la nourriture qui lui était servi provenait de la bouche et du nez de la Déesse, il fut si dégoûté qu'il la tua sur le champ.

Fâchée contre lui, Amaterasu ne voulut plus jamais le revoir. Dès lors, les deux enfants d'Izanagi, co-créateur du monde et du Japon, vivent en alternance dans le ciel, expliquant la succession du jour et de la nuit.

Mais il y a aussi des mythes expliquant les formes que nous pouvons distinguer sur la surface lunaire.

Ma préférée est une ancienne légende qui explique pourquoi on peut voir la forme d'un lapin :

Elle raconte qu'il y a bien longtemps, vivaient un lapin, un renard et un singe.
C'était de très bons amis et ils étaient inséparables. Un jour qu'ils se promenaient dans la forêt, ils virent soudain au détour d'un sentier un mendiant allongé sur le sol.
Après un instant d'hésitation, les trois amis s'approchèrent prudemment de lui. Mais l'homme restait allongé et immobile.

 Arrivés près de lui, le singe , le plus téméraire des trois animaux, s'adressa à lui: « Que fais-tu ainsi couché sur le sol, au beau milieu de la forêt »? Le mendiant ouvrit péniblement un oeil et bredouilla quelques paroles: « ... cela fait des jours et des jours que je n'ai plus rien avalé... je suis à bout de force...aidez-moi...s'il vous plaît... ».

Après s'être concertés, les trois amis décidèrent de partir à la recherche de nourriture afin de venir en aide au mendiant. Le singe partit prestement dans les arbres et revint vite les bras chargés de baies et de fruits fraîchement cueillis. Le renard partit chasser des oiseaux et pêcher des poissons qu'il fit cuire avant de les donner au mendiant.

Mais le pauvre lapin, ne sachant ni grimper aux arbres, ni cueillir de fruits, ni chasser ou pêcher, revint bredouille auprès du mendiant et de ses deux amis. Attristé de ne rien pouvoir donner au mendiant, il décida de lui offrir sa propre chair et se jetta dans le feu qu'avait allumé son ami le renard.

Voyant cela, le mendiant leur révéla alors sa vraie nature: il était le dieu Indra, dieu de l'Étendue Illimitée du Ciel, Maître de la pluie et des saisons.
Emu par ce don de soi, il adopta le lapin et le ramena avec lui sur la Lune. Depuis cette époque, en regardant attentivement la Lune, il est possible d'apercevoir ce lapin.

De nos jours encore on lui attribue des effets sur nos comportements, les naissances (voir l'agitation des enfants).

A chaque pleine lune, les articles sur le sujet pullulent un peu partout.

On peut régulièrement lire, que nous mettrions 5 minutes de plus à nous endormir, passerions une nuit raccourcie de 20 minutes et aurions un sommeil plus agité...

Ce qui est certain c'est que la Lune a contribué à la vie sur Terre telle qu'elle est aujourd'hui. Sans les saisons par exemple, rien ne dit que la vie aurait été possible.

Alors regarde la Lune et dis-toi que sans elle, nous ne serions peut-être pas là.

CHAPITRE 3
LE COUVERCLE DE LA TERRE

Éclairé par la lumière de la Lune, le paysage autour de toi semble comme endormi. les lumières du village en contrebas se sont toutes éteintes.

Pour avoir la meilleure visibilité possible sur la voûte céleste, imaginons que nous sommes lors d'une nuit sans Lune.
Un petit peu de concentration, hop, on l'enlève et on peut admirer encore mieux les étoiles.

Il ne reste plus au-dessus de toi que ce dôme brillant, ce couvercle de la Terre, comme le nommaient les anciens.
Voûte céleste

Tu sais que les étoiles bougent dans le ciel tout au long de la nuit ?
En tout cas elles donnent l'illusion de bouger.

Certaines se lèvent à l'est et se couchent à l'ouest comme le Soleil semble le faire aussi, d'autres étoiles ne se couchent jamais et semblent tourner, proche du zénith, en direction du Nord, autour d'une étoile fixe.

De la même manière que le Soleil ne bouge pas vraiment, là aussi c'est la rotation de la Terre qui est à l'origine de ce ballet féérique.
La voûte céleste a toujours fasciné l'espèce curieuse que nous sommes. Et en l'absence de réponse, comme souvent, l'humanité a comblé les manques avec des histoires ou des contes.

Pour les Inuits, la Terre et le Ciel étaient jadis un ensemble unique qui s'est un jour détaché et les âmes servent de lien entre la voûte céleste et la Terre.

Pour les Gaulois, il s'agissait d'un plafond troué qui menaçait de se lézarder et de tomber sur leur tête.

Pour les amérindiens, la voûte céleste a une origine bien particulière :

Suite à la création de la Grande Île sur le dos de la Grande Tortue (la Terre), les animaux, réunis en conseil, décidèrent qu'il fallait plus de lumière. Ils chargèrent alors la Petite Tortue de trouver une solution à ce problème de ténèbres. Ingénieuse, la Petite Tortue saisit de grands éclairs et elle en fabriqua un grand feu qu'elle fixa dans le ciel. Ainsi fut créé le Soleil.

Rapidement, le conseil se rendit compte que toutes les parties de la Grande Île n'étaient pas bien éclairées. Après intense réflexion, le conseil décida de donner un mouvement au Soleil.

La Tortue des marais fut chargée de creuser un trou de part en part de la Grande Île de façon à ce que le Soleil puisse faire une rotation complète autour de la Grande Île, donnant ainsi une alternance de lumière et d'obscurité. Ainsi furent créés le jour et la nuit.

Dans le but d'éviter l'obscurité totale, lors de la rotation du Soleil, la Petite Tortue fut mandatée pour trouver un substitut au Soleil afin d'éclairer la nuit.
Elle créa donc la Lune qui devint la douce compagne du Soleil.

Le Soleil et la Lune eurent de nombreux enfants, les Étoiles, qui sont dotés de vie et d'esprit comme leurs parents.

En souvenir de sa participation à la création des astres, la Petite Tortue fut nommée Gardienne du Ciel.

Regarde attentivement le ciel : tu devrais vois comme un nuage lumineux qui barre le ciel d'un côté de la coupole céleste à l'autre.

Ce nuage, c'est notre galaxie, la Voie Lactée.
ça ne ressemble pas à ce qu'on imaginer d'une galaxie, ces spirales lumineuses qu'on a tous vu une fois.
Pourquoi ? Parce qu'on est dedans et qu'on la regarde de côté. Ce qu'on voit, c'est sa tranche.

Les peuples du Nord la surnomment "le chemin des oiseaux" car c'est le chemin qu'ils semblent prendre pour rejoindre les pays chauds

Pour les Tatars, peuple nomade à l'est de l'Europe, la Voie Lactée est la couture de la yourte que représente pour eux le ciel, et les étoiles sont autant de petits trous laissant passer la lumière.

Il existe bien des mythes et des légendes sur ce bandeau féérique. Mais pourquoi la Voie Lactée ?

Nous tenons ça des grecs et de leur mythologie. D'ailleurs tout le ciel est rempli de mythologie grecque.

Il existe non pas une mais deux légendes sur l'origine de la Voie Lactée :

La première fait appel au demi-dieu Héraclès. (oui c'est Hercules)

Un jour, alors qu'il était enfant, il fut placé sur le sein d'Héra endormie.

Malheureusement, Héraclès ne domptant pas encore sa force, voulut se nourrir au sein de la déesse, mais il tira si fort que le lait gicla et se répandit en une grande traînée laiteuse dans le ciel : la Voie lactée.

La seconde légende fait référence à la trace laissée par un incendie qui subsiste dans le Ciel et qui constitue la Voie Lactée.

Cet incendie fut provoqué par Phaéton qui, un jour, emprunta le chariot de feu de son père Hélios afin de prouver à tous ses origines divines.
Mais, pendant sa démonstration, il mit le feu sur la Terre ainsi qu'à la voûte céleste.

Zeus, très fâché, le précipita dans l'Éridan après l'avoir foudroyé.
Mais le demi-frère de Phaéton, Cynos, supplia Zeus de lui pardonner et de le sauver.

Alors Zeus plaça Cynos dans la Voie lactée comme symbole de l'amitié fidèle.

On peut encore le voir sous la forme de la constellation du Cygne dans les vestiges de l'incendie provoqué par son ami Phaéton.

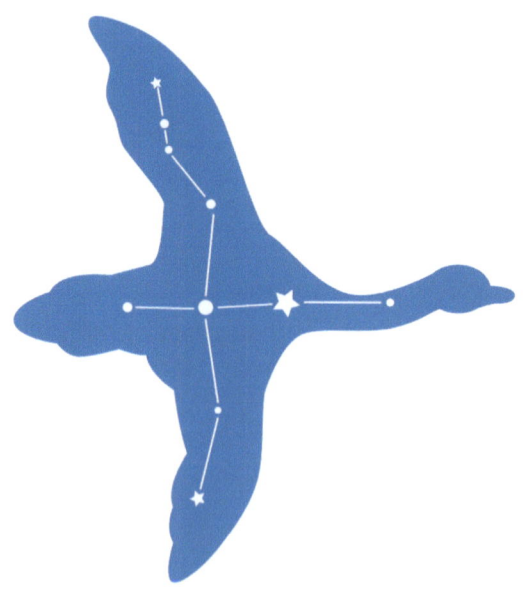

Même de nos jours ce bandeau féérique a servi à la projection de nos croyances populaires:

En 2003 à New York, une coupure d'électricité générale a plongé la ville dans le noir.

Les new-yorkais, peu habitués à pouvoir admirer la voûte céleste à cause de la pollution lumineuse, ont alors appelé en masse les services d'urgence pour leur faire part de lueurs étranges dans le ciel pensant, pour certains, à une attaque venue du ciel.

Ces lueurs, c'était bien évidemment la Voie Lactée.

Mais ce n'est pas la seule chose sur laquelle les humains ont projeté leurs croyances.

Ils ont vu des points plus brillants que d'autres et on décidé de les relier entre eux et ont donné à ces figures géométriques des noms d'animaux, ou de personnages mythologiques.

On ne va pas faire le tour de toutes les constellations, mais il y en a 2 qui sont les plus marquantes et qui sont visibles toute l'année, toute la nuit dans l'hémisphère Nord : La grande ourse et la petite ourse

La grande ourse, que certains petits malins surnomment "la casserole" est surement celle la plus connue. 7 étoiles : 4 qui forment un trapèze et 3 qui forment la poignée de la casserole.

Rien qu'en mythologie Grecque, il existe plusieurs versions :

Cette constellation représenterait Callisto, une nymphe aimée de Zeus. Quand Héra, l'épouse de Zeus, découvrit leur relation, elle changea Callisto en Grande Ourse et son fils Arcas en Petite Ourse.

Outragée par cette offense à son honneur, Héra demanda justice à l'Océan, et les ourses furent alors condamnées à tourner perpétuellement autour du pôle Nord, jamais autorisées à se reposer sous la mer.

C'est pour cela que ces deux constellations sont toujours visibles, à tout heure de la nuit en toute saison.

Selon une autre version, la nymphe Callisto était la fille de Lycaon, un roi d'Arcadie. Zeus l'aperçut alors qu'elle chassait en compagnie d'Artémis et il s'en éprit.

Héra, jalouse, changea la jeune fille en ourse après qu'elle eut donné naissance à un fils, Arcas.
L'enfant grandit, devint un homme, et un jour qu'il participait à une chasse, la déesse dirigea Callisto vers l'endroit où il se trouvait, dans l'espoir de lui voir décocher une flèche à sa mère, en toute ignorance.

Mais Zeus enleva l'ourse et la plaça parmi les étoiles.
Plus tard, son fils Arcas vint l'y rejoindre. Ils prirent respectivement les noms de Grande Ourse et de Petite Ourse.

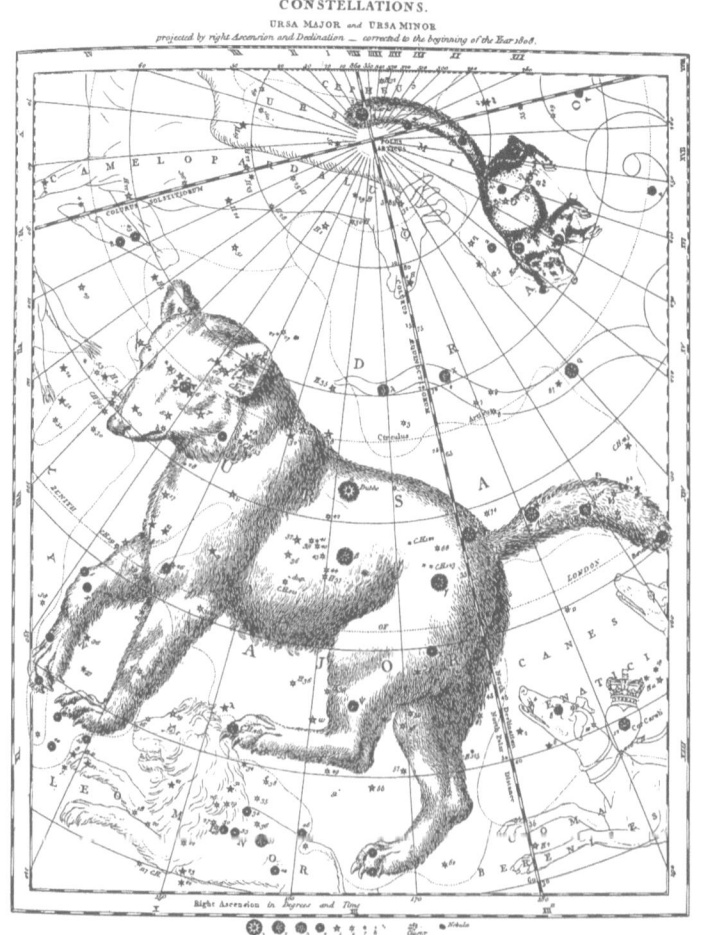

CONSTELLATIONS.
URSA MAJOR and URSA MINOR
projected by right Ascension and Declination — corrected to the beginning of the Year 1808.

Selon une dernière version, Callisto était une nymphe au service d'Artémis, la déesse de la nature sauvage.

Elle a juré de rester vierge tout comme Artémis.
Un jour, alors qu'elle cueillait des fleurs, Zeus la vit et s'éprit d'elle. Comme il savait qu'elle était vierge, il devait jouer le grand jeu. Il eut donc l'idée de prendre l'apparence d'artémis, et, lorsque Callisto fut revenue de sa promenade, elle fut étonnée par tant de besoin de tendresse de la part de sa maîtresse.

Le temps passa et la nymphe sentit son ventre grossir et, quand elle se déshabilla pour prendre un bain avec Artémis et les autres nymphes dans la mer Morte, elle vit son gros ventre et se sentit coupable de ne pas avoir remarqué tout de suite que ce n'était pas la déesse.

Auteur :Giambattista Tiepolo
Venise, 1696 - Madrid, 1770

Quand la déesse l'aperçut, elle entra dans une rage folle et transforma Callisto en ourse avant qu'elle n'accouche. Et la déesse dit aux autres nymphes : « Tuons-la avant qu'elle ne s'échappe, elle nous servira de tapis et de dîner ! »

À ces mots, la nymphe courut, poursuivie par les chasseurs.
Quand la chasse fut terminée, Zeus ramassa la carcasse de l'ourse qu'il avait condamnée à l'exil et la mit au ciel.

C'est là qu'elle mit au monde Arcas, qui désormais la suit tout le temps.

C'est pas forcément toujours gai la mythologie grecque. Mais son influence sur le ciel est sans égale.

L'ours se dit arctos en grec, d'où le nom de cercle arctique qu'on donnait au cercle des étoiles toujours visibles, et le terme Arctique qui désigne la région entourant le pôle Nord de la Terre

Les Romains appelaient cette constellation septem triones c'est-à-dire « les sept bœufs de labour » qui tournent toujours autour du nord et sont tenus par la constellation du Bouvier qui en représente le laboureur.

C'est donc la grande ourse qui est à l'origine du terme « septentrional », qui signifie "ce qui est propre au Nord".

Les babyloniens y voyaient un grand chariot, au Royaume-Uni, il y voyaient une charrue, en Scandinavie, le wagon de Charlemagne, et en Bretagne le chariot du roi Arthur.

En Inde, quand à eux, ils voyaient un cerf-volant volé par Vishnou le protecteur à Shiva le destructeur.

Quand je t'ai dit qu'il y avait 7 étoiles dans la constellation de la Grande Ourse, je t'ai un peu menti. Il y en a en réalité 8.

L'étoile du milieu du trio qui forme le manche de la casserole, s'appelle Mizar.
On ne peux pas la manquer, c'est la plus brillante.
Si on la regarde attentivement et qu'on a de bons yeux, on peut voir double. C'est normal : Cette étoile est accompagnée d'Alcor.

Pouvoir les distinguer était d'ailleurs un défi traditionnel d'acuité de vision dans plusieurs cultures, Gengis Khan le Mongole en aurait fait l'un des critères de sélection de ses archers.
Si tu hésitais à te mettre au tir à l'arc, tu as un test d'aptitude tout trouvé !

Comme elle est facile à repérer, la Grande Ourse est le parfait point de départ pour se diriger dans le ciel.

Et c'est d'ailleurs comme ça qu'on l'on peut repérer la petite ourse.

On ne va pas faire trop de repérage dans le ciel, moi-même je me perds vite.

Mais une fois la grande ourse repérée, on peut facilement trouver la petite ourse et surtout l'étoile polaire, l'étoile qui indique le Nord céleste.

Elle a été pendant longtemps le repère des marins et des explorateurs.

Elle parait fixe parce qu'elle est simplement pile dans l'axe de rotation de la Terre.

Pendant longtemps j'ai confondu j'ai cru que c'était l'étoile du berger, car elle gardait le troupeau d'étoile. ça aurait été joli, mais ça n'a rien à voir.

L'étoile du berger n'en est pas une. C'est la planète Vénus et elle n'indique pas du tout le Nord.

Sache que l'étoile polaire actuelle n'a pas toujours été celle que nous connaissons : il y a 5 000 ans, lors de la construction des pyramides, l'axe de rotation de la Terre n'était pas exactement celui actuel et c'est une autre étoile, Thuban, dans la constellation du dragon qui permettait la navigation.

D'ailleurs, quel est le vrai nom de l'étoile polaire ?
Etoile Polaire, tout simplement. Tu peux l'appeler Polaris, si tu veux, cela signifie la même chose car sa particularité lui a donné son nom. Tu peux aussi l'appeler α Ursae Minoris.
Selon les estimations, elle devrait encore être valable jusqu'en l'an 3100 et sera le plus précisément positionné dans les années 2100.

Alors comment trouver le Nord ?

L'étoile polaire, c'est l'étoile au bout de la queue de la petite ourse.

Pour repérer la petite ourse à partir de la grande ourse c'est assez simple : tu cherches un chariot un peu plus petit, tourné dans l'autre sens, donc tête en bas par rapport à la grande ourse et avec la queue de la casserole qui pointe de l'autre côté.

Si tu ne trouves pas de suite, j'ai une autre méthode : Prends les deux étoiles qui forment le corps de la Grande Ourse, du côté opposé à sa queue.

Reporte 5 fois la distance qui sépare ces deux étoiles, sur la même trajectoire que celle qu'elle semble former, et sans le sens du dessus de la casserole et là tu tombes directement sur l'étoile polaire.

En Mongolie, cette étoile est appelée "étoile d'or" car elle représente un frère parti attrapé une flèche dorée envoyée par un souverain.

Huit frères avaient ensemble sauvé sa fille des griffes de Garuda, le roi des oiseaux, incarnation de Vishnou, qui voulait en faire son épouse. Plutôt que de décider qui des huit frères il allait récompenser, il préféra laisser le sort choisir et tira en l'air.

Le plus jeune fut celui qui l'attrapa mais n'est jamais redescendu.
Il est suivi toute la nuit par les 7 bouddhas qui sont ses autres frères, allant rendre visite à leur frère cadet, l'étoile d'or.
Ces 7 étoiles... c'est la Grande Ourse !

C'est incroyable de se dire que ces légendes sont liées à des rassemblements artificiels d'étoiles qui n'ont pas fondamentalement bougé depuis des millénaires alors que les étoiles ellse-mêmes sont loin d'être immobiles.

Au contraire, elles se déplacent à des vitesses hallucinantes, mais elles sont si éloignées de nous qu'il faut des siècles pour pouvoir discerner la déformation des constellations.

Je disais que le ciel est rempli de mythologie grecque, mais ce n'est pas tout à fait vrai. L'hémisphère Sud, logiquement est moins exclusif. Leur constellation phare n'est pas un ours, mais une croix, la croix du Sud. Elle est présente sur le drapeau de l'Australie.

Leurs noms sont bien plus modernes, l'Horloge, la Mouche ... Et la Machine Pneumatique, ou la pompe.

Mais cela est probablement dû aux européens qui, lorsqu'ils ont conquis les terres australes, en ont aussi conquis le ciel.

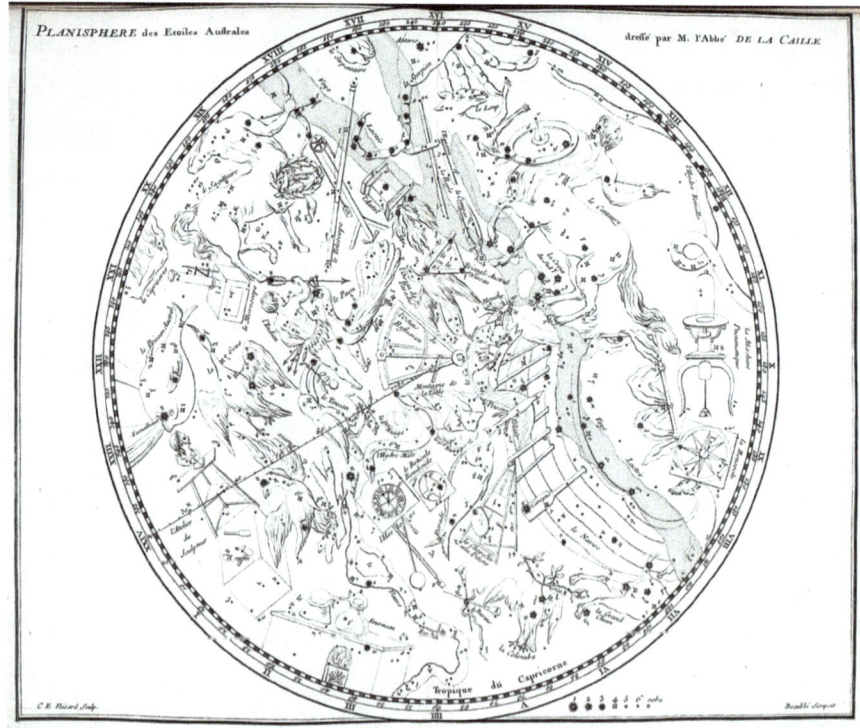

Je crois qu'il n'y a rien de plus universel que de tenter de donner sens au ciel et d'y repérer le passage du temps.

Car des signes du zodiaque aux calendriers solaires, le ciel a été depuis toujours l'horloge de l'humanité.

Chapitre 4
Au-delà des nuages

La nuit est toujours aussi douce en haut de ta colline.

Les yeux perdus dans la voûte céleste, tu es comme hypnotisé par toutes ces étoiles, qui te paraissent un peu plus familière chaque fois que tu les regarde.

Ce ciel est devenu ton ciel maintenant.
Les étoiles deviennent un peu ton troupeau, et tu les observes avec tendresse comme le ferait un berger.
Tu aimeras les voir de plus près, voyager au milieu de cet amas de lumières.

Alors, respire profondément.

On a besoin d'une destination, alors remettons la Lune, visons-la et commençons notre ascension.
Je t'annonce, on part pour un sacré voyage.

3, 2, 1, on commence à l'élever dans les airs, et tu sens la vitesse croître doucement

1m, 5m, 10m, 50m...

Jette un oeil en arrière et regarde le sol s'éloigner.

100m, 200m...

300 m, on vient de passer la taille de la Tour Eiffel, le sol commence à ressembler à une maquette ou aux vues aériennes des sites comme Google Maps.

830m, la taille du Burj Khalifa, on est désormais plus haut que le plus grand édifice construit par l'homme.

5 km, la taille du Mont Blanc

10 kilomètres au-dessus du sol, au-dessus de la plupart des nuages, c'est l'altitude d'un avion de ligne, c'est à peu près la taille du Mont Everest, la montagne la plus haute de la Terre.

Si ça te parait grand, dis toi que si la Terre était une sphère parfaite, de la taille d'un ballon de basket, le mont Everest serait quasi indiscernable, 2 dixièmes de millimètre.

Ce serait de l'ordre d'un grain de sable.

On continue à monter :
De 10 à 50 kilomètres au-dessus de la surface, c'est l'altitude des avions supersoniques, des ballons sondes et de la couche d'ozone. On n'a jamais encore volé plus haut sans un engin spatial.

Lorsque Felix Baumgartner a "sauté depuis l'espace", il a sauté de cette partie là, à 40 km au-dessus du sol.

Tu verras qu'en réalité c'est assez loin de l'espace.

Au-dessus de ces 50 km, c'est là que commencent les choses sérieuses, on rencontre les aurores boréales et les météorites, les fameuses étoiles filantes.
Très peu d'humains ont atteint ou dépassé cette altitude. Pourtant, au sol, cela parait tellement peu 50km...
C'est souvent un aller-retour à la ville d'à côté.

De cette hauteur tu peux presque voir toute la France.

100 km d'altitude, félicitations, tu es officiellement un astronaute.

En effet, tu as dépassé la ligne de Kármán, cette frontière arbitraire qui désigne la limite entre l'atmosphère terrestre et l'espace.

Elle est arbitraire parce que les effets de l'atmosphère se font en réalité sentir bien plus loin.

Le physicien hongro-américain, Theodore von Kármán proposa cet valeur car quelle que soit l'aéronef, il ne pourra plus utiliser l'air pour voler au-delà de cette hauteur.

Elle désigne donc plutôt une frontière entre aéronautique et astronautique.

Il n'y a pas vraiment de ligne bien définie entre la Terre et l'espace.
Les gaz sont simplement de moins en moins présent, de manière très graduelle.

Dans le cas d'une rentrée dans l'atmosphère d'une capsule spatiale, par exemple, on considère qu'il n'y a plus d'action notable à partir de 120km d'altitude.

120 km, cela paraît déjà un peu plus conséquent : une heure de conduite sur autoroute, 400 tours Eiffel.

Mais à l'échelle de la Terre, ce cocon protecteur ne représente qu'il filme ténu. Si on reprend l'exemple du ballon de basket, l'épaisseur de l'atmosphère serait de 2,3 mm environ.

Ce n'est rien du tout.

La station spatiale internationale est à 400 km de la Terre, ce qui veut dire qu'elle est encore soumise à des frottements, ténus, certes, mais suffisamment pour la ralentir de manière significative et nécessite d'être régulièrement rehaussée, re-propulsée.

Il faut monter jusqu'à plus de 500 km, ou un centimètre sur notre ballon, pour considérer être complètement hors de toute influence atmosphérique.

Imagine un humain, à plus de 400 km de tout autre présence humaine.

Cela n'est pas si difficile réaliser, en fait. C'est être seul au milieu d'une zone de la taille de la France.
Sur un des océans, on peut tout à fait se retrouver dans cette situation.

Et bien lorsque l'ISS se trouve au-dessus, les humains les plus proches de lui seront des astronautes.

On est encore bien loins d'être des explorateurs de l'espace, notre station spatiale, c'est un peu comme un enfant qui part à l'aventure en plantant une tente dans le jardin de la maison familiale.

Passons l'ISS, sortons totalement de l'atmosphère.

590 km, c'est l'altitude du télescope le plus connu, le télescope spatial Hubble.

Avec son miroir grande taille (2,4 mètres de diamètre, tout de même) et son emplacement idéal, loin de toute pollution visuelle, Hubble a contribué à des découvertes de grande ampleur, telles que la mesure du taux d'expansion de l'Univers, la confirmation de la présence de trous noirs supermassifs au centre des galaxies ou l'existence de la matière noire et de l'énergie noire.

Saluons-le, en le remerciant pour ces connaissances, dont je te ferai bientôt part, et continuons notre éloignement de la surface de notre planète

Allons jusqu'à atteindre une altitude de 850 km environ.

Ici, à l'abri des frottements, on retrouve les satellites de Météo France, tournant autour de la Terre en prenant des clichés qui permettront de réaliser ces animations que tu verras à la télévision avant le journal.

Nous n'avons toujours pas atteint la distance qui correspond à la France du Nord au Sud. On est encore tellement proche de la Terre.

Alors allons encore plus loin, plus vite.
1 000km, 5 000km, 10 000km
A 20 000 km, nous atteignons les 24 satellites GPS

Pour te donner une idée de ce que représente 20 000 km, c'est à peu près la distance que tu aurais à parcourir pour partir du pôle Nord et atteindre le pôle Sud, en suivant la courbure de la Terre. C'est plus de 3 fois le rayon de notre planète.

D'ailleurs, tu peux voir cette distance sur la Terre, maintenant.
Tu peux distinguer les deux calottes polaires, ces étendues blanches au Nord et au Sud de notre cailloux spatial.

Sur cette orbite, les satellites font le tour la Terre toutes les 12 heures environ.

Est-ce que tu as remarqué ?
Plus on s'éloigne, plus le temps pour faire le tour de la Terre est long.

Tu vas me "c'est normal puisqu'on parcours un cercle plus grand"
Mais ce n'est pas que cela : plus on est éloigné de la Terre, moins on a besoin d'aller vite pour rester en orbite.
L'ISS va à 27 600 km/h, les satellites GPS, eux, ne vont "qu'à" 13 600 km/h.

J'expliquerai pourquoi très bientôt.

A 36 000 km environ, soit un peu moins que la circonférence de la Terre, on atteint une distance où le temps mis pour faire le tour de notre planète est de 24h...

Cela qui veut dire qu'un objet sur cette orbite et dans le plan de rotation de la Terre sera toujours positionné au-dessus d'un même point au sol.

C'est ce qu'on appelle l'orbite géostationnaire. Elle est très utile pour la télécommunication, la transmission.

On envoie un signal vers ce point fixe depuis un bout du monde, le satellite le renvoie et peut être capté depuis un autre point du globe.

Ces satellites agissent comme des miroirs à signaux.
Et comme pour un miroir, il est essentiel qu'il ne bouge pas pour pouvoir maintenir un signal stable.

On est déjà bien loin du sol. Si on regarde derrière nous, on commencer à admirer notre planète dans sa globalité.

Mais la Lune ne paraît pas avoir changé de taille... et elle paraît toujours si loin, ou si proche... C'est un peu dur de jauger les distances aussi grandes, surtout dans le vide spatial.

En fait, nous avons parcouru moins d'un dixième de la distance qui sépare la Terre de la Lune. Elle est à 380 000 km de la Terre et nous ne sommes qu'à 36 000 km.

Si l'on reprend notre échelle de la Terre de la taille d'un ballon de basket, nous sommes à 70 cm de sa surface, à peine plus qu'à bout de bras, mais la Lune, elle, est à 7,5 m, la hauteur d'une maison avec un étage, en comptant le toit.

Alors continuons notre ascension dans sa direction.

Un peu avant d'arriver à la Lune, arrêtons-nous exactement à la distance de 300 000 km.

Tu peux prendre une seconde pour profiter de la proximité de la Lune pour en apprécier la beauté,

Mais regarde en direction de la Terre maintenant.

Elle a bien rétréci depuis notre dernière étape. Elle a presque la taille d'un simple ballon maintenant.

Mais sais-tu que tu vois ? Ce que tu as sous les yeux, ce n'est pas la Terre telle qu'elle est maintenant, mais telle qu'elle était dans le passé.

Non, ne cherche pas les dinosaures ou les hommes préhistoriques. Tu vois actuellement la Terre telle qu'elle était il y a exactement 1s.

Parce que la lumière se déplace et a une vitesse, de la même manière que le son. Sa vitesse est d'environ 300 000 km/s, c'est pour ça qu'on s'est stoppé-e-s ici.

Si la Terre venait à disparaître d'un coup, tu serais le/la dernier-e humain-e à le savoir.

Redescendons sur Terre, revenons sur ta colline, il faut que je te parle des années lumières....

Bien installé-e ? Parfait.

C'est quoi une année lumière ?
Ce n'est pas une mesure de la durée, mais une unité de distance.
Une année lumière c'est la distance que parcourt la lumière en un an.

Elle parcourt en une seconde ce que les astronautes des missions Apollo ont mis 4 jours à faire ce que nous avons fait en une poignée de minutes d'imagination.
Une année lumière c'est gigantesque. C'est très très grand. Tu ne peux même pas imaginer à quel point c'est vaste.

Pour donner une idée d'échelle :
1s pour aller sur la Lune, ok.

Pour atteindre le Soleil, c'est environ 150 millions de km, soit 500 fois la distance, donc 500 fois la durée.

Il faut 8 minutes et 20 secondes à la lumière du Soleil pour nous atteindre.
Si le Soleil venait à s'éteindre maintenant, tu aurais le temps de te faire cuire des coquillettes avant qu'il fasse sombre sur Terre.

Il y a un nom d'ailleurs pour la distance Soleil-Terre : c'est ce qu'on appelle une Unité Astronomique (UA).

C'est un peu le mètre spatial pour tout ce qui concerne le système solaire.

Mercure, la planète la plus proche du Soleil est à 0.4 UA, et Pluton se trouve à près environ 39.5 UA de notre étoile.

Il faut à la lumière du Soleil environ 5h30 pour atteindre la planète naine.

Tout comme l'atmosphère de la Terre, notre système solaire n'a pas de frontière réellement définie. La gravité du Soleil se ressent partout dans l'Univers, mais elle décroît avec le carré de la distance.

Quand on est 2 fois plus loin, on est 4x moins attiré, 10x plus loin, on est 100 fois moins attiré... mais la gravité ne s'arrête jamais totalement.

Une des frontières pourrait être 15 milliards de kilomètres, 100 unités astronomiques, là où les vents solaires ainsi que le champs magnétique de notre étoile s'arrêtent.

Il faudrait près de 14h à la lumière pour atteindre cet endroit.

Mais si l'on veut que la gravité du Soleil soit négligeable, il faut aller jusqu'à 100 000 unités astronomiques, là où le nuage de débris datant de la formation du système solaire semble s'arrêter.

Atteindre le nuage d'Oort, le nom donné à cette partie du système solaire, c'est 1 000 unités astronomiques, en sortir, c'est 100 000 ua.

La lumière met 140h à l'atteindre, un peu moins de 6 jours mais il lui faut 14 000 h pour en sortir, quitter ce nuage d'Oort, soit un an et demi.

Proxima Centauri, est l'étoile la plus proche de notre système solaire. Elle est à une distance d'environ 4,22 années-lumière, soit 270 000 unités astronomiques.

Cela parait beaucoup, mais ce n'est toujours rien comparé aux autres étoiles.

Tu te souviens quand on regardait la Grande Ourse ? D'après toi, à quelle distance se trouvent les étoiles de cette constellation ?

Je vais devoir te décevoir mais la Grande Ourse n'existe pas vraiment autre part que depuis la Terre.
La distance varie d'une étoile à l'autre, ce qui veut dire que vu de côté, ou depuis une planète d'un autre système, le chariot ne ressemble à rien.

Mizar par exemple est à 78 années-lumières de nous, et Alcor, l'étoile qui semble être si proche est 3 années-lumière plus loin, à 81 années lumières de nous.
Pour les autres, cela varie d'environ 50 à 250 années lumières.

Cela veut dire que lorsque tu regardes la Grande Ourse, tu voies les étoiles telles qu'elles brillaient lors de la Guerre Froide pour certaines ou bien la Révolution Française pour d'autres.

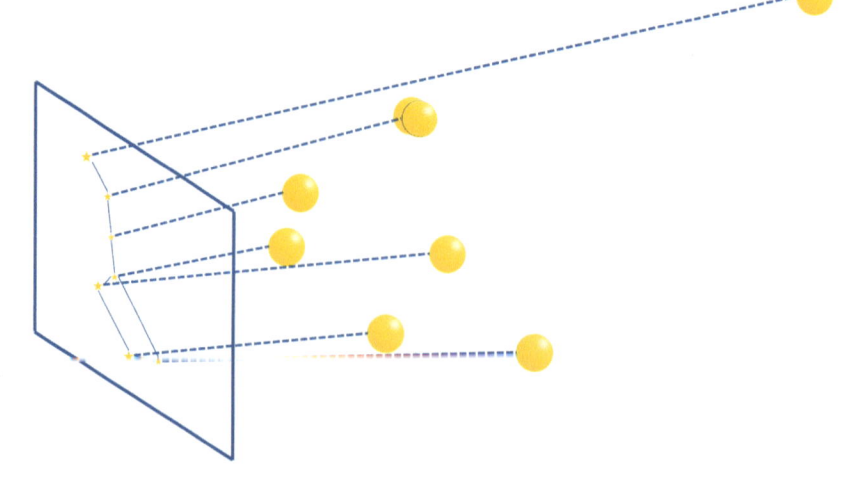

Dans le reste du ciel, tu peux apercevoir des étoiles à plus de 3 000 années-lumières.

C'est à dire que la lumière qui t'atteint aujourd'hui a donc quitté l'étoile -1 000 avant notre ère. Bien avant les philosophes grecs, par exemple.

Regarder les étoiles c'est donc remonter dans le temps.

Imagine-toi pouvoir te téléporter à 65 millions d'années lumière de la Terre et être capable de l'observer... tu pourrais assister à l'extinction des dinosaures.

Cela veut dire que si l'on regarde suffisamment loin, on peut voir l'Univers tel qu'il était il y a des millions d'années, voir même des milliards d'années.

On pourrait alors, en théorie, en voir sa naissance, il y a 13,7 milliards d'années.

Bien avant la Terre, bien avant le Soleil, bien avant la Voie Lactée, au moment où tout a été créé, y compris le temps lui-même.

Au final ce que tu as sous les yeux, c'est l'Univers, tel qu'il a été à des époques plus ou moins éloignées.

Alors regarde le ciel nocturne étoile par étoile, comme on feuillette un album de famille un peu désordonné, et demande-toi de quand datent les photons qui touchent uns à uns ta rétine.

Chapitre 5
Au-delà du système solaire

Si les années lumières t'ont donné le tournis, je te préviens que ce que je vais te décrire maintenant va te faire sentir encore plus petit.

Je te propose de changer de décor.

Quittons la colline, et téléportons-nous sur une plage isolée, couverte de sable fin, une nuit où la mer est calme.

Assieds-toi dans ce sable doux.

D'ici le spectacle est doublement saisissant, Au-dessus de toi le dôme étoilé barré par la Voie Lactée et, à la surface de l'eau calme, le reflet diffus qui crée une lueur fantomatique.

Imagine plonger ta main dans le sable sec. Sous une surface à température ambiante, il est encore un peu tiède quelques centimètres au-dessous.

Prends-en une poignée et ouvre ta main pour laisser les grains s'écouler entre tes doigts.

Pendant que tu te détends à faire ça, dans ce nouveau décor si agréable, je vais te parler des galaxies.

Lorsque l'on quitte le système solaire, dépassant le nuage d'Oort qui nous entoure, malgré le rayon gigantesque d'une année lumière et demi, nous n'avons parcouru qu'une distance très négligeable à l'échelle du cosmos.

Car le système solaire n'est qu'un élément de notre galaxie, le Soleil n'est que l'une des 200 milliards d'étoiles de la Voie Lactée. Si tu veux les compter une par une, à raison d'une seconde par étoile, il te faudrait plus de 6 300 ans pour le faire.

C'est tellement grand comme chiffre que nous allons ensemble, mentalement, devoir faire une maquette pour ramener tout ça à une échelle un peu plus compréhensible...

Lorsque tu prends une poignée de sable, tu tiens dans la main environ 500 000 de ses grains. Prends donc une poignée de sable dans chaque main, tu es millionnaire... en grains de sable.

Avec un cube d'un mètre de côté fait avec du sable de plage, on réunit 100 milliards de grains de sable.

La Voie Lactée, avec 200 milliards d'étoiles, c'est donc 2 cubes de sable. La galaxie d'Andromède, la plus proche de nous avec son billion d'étoiles (1 000 milliards) c'est 10 cubes de sable.

L'Univers, quand à lui, est composé d'autant d'étoiles que de grains de sables sur le milliard de kilomètres de côtes présentes sur Terre.

Mais c'est quoi une galaxie en fait ?

Une galaxie est un assemblage d'étoiles, de gaz, de poussières gravitant autour d'un centre hyper massif. Mais c'est surtout beaucoup, beaucoup de vide entre chacun des éléments, comme le reste de l'Univers d'ailleurs.

Si l'on voulait créer une maquette de notre galaxie avec les grains de sable (0.05mm) représentant chacun la taille d'une étoile moyenne comme notre Soleil,
Neptune se trouverait à 33cm de notre étoile- grain de sable,
la ceinture de Kuiper, qui contient pluton, serait à 1m de distance.
le nuage d'Oort représente alors une sphère creuse allant de 100m à 500m de diamètre.

Proxima du Centaure, l'étoile la plus proche du Soleil serait un autre grain de sable situé à 1,4km du premier. (Si tu es toujours assis dans le sable, c'est à peu près la moitié de la distance entre toi et l'horizon.)

Entre notre système solaire et celui de Proxima du Centaure, c'est le vide interstellaire, le vide entre les étoiles. Quelques particules par mètre cube tout au plus.
Cela fait beaucoup de vide.

Nos 2 mètres-cube de sable devraient alors être répartis, si l'on voulait créer une maquette de la Voie Lactée à l'échelle, sur un disque de diamètre de 36 000 kilomètres.

C'est 3 fois le diamètre de la Terre.
C'est grand, c'est très très grand tout ça.
Et ce n'est qu'une seule galaxie !

La galaxie d'Andromède serait, toujours à cette échelle, à une distance égale à 21 fois le diamètre de la Terre.

Tu te sens pas tout petit ?
Cela remet en perspective les choses, non ?

Carl Sagan, astronome américain, surtout connu pour ses œuvres de vulgarisation scientifique et aussi pour son soutien au SETI, qui cherche des signaux extraterrestres, commenta une photo (ci-contre) prise en 1990 par la sonde Voyager 1, alors qu'elle se trouvait à plus de 6 milliards de kilomètres de la Terre, au-delà de l'orbite de Neptune.

Tu le sais maintenant, c'est encore très près de chez nous

On y voit un petit point bleu pâle au milieu de raies du Soleil sur l'objectif de la sonde.

« Regardez ce point. C'est ici. C'est notre foyer. C'est nous. Dessus se trouvent tous ceux que vous aimez, tous ceux que vous connaissez, tous ceux dont vous avez jamais entendu parler, tous les êtres humains qui aient jamais vécu. La somme de nos joies et de nos souffrances. Des milliers de religions, d'idéologies et de doctrines économiques remplies de certitudes. Tous les chasseurs et cueilleurs, tous les héros et tous les lâches, tous les créateurs et destructeurs de civilisations. Tous les rois et paysans, tous les jeunes couples d'amoureux, tous les pères, mères, enfants remplis d'espoir, inventeurs et explorateurs. Tous les moralisateurs, tous les politiciens corrompus, toutes les "superstars", tous les "guides suprêmes", tous les saints et pécheurs de l'histoire de notre espèce ont vécu ici... Sur ce grain de poussière suspendu dans un rayon de soleil.

On dit que l'astronomie incite à l'humilité et forge le caractère. Il n'y a peut-être pas de meilleure démonstration de la vanité humaine que cette lointaine image. Pour moi, cela souligne notre responsabilité de cohabiter plus fraternellement les uns avec les autres, et de préserver et chérir le point bleu pâle, la seule maison que nous ayons jamais connue. »

Carl Sagan

Cette version mise à jour de l'image emblématique de la "Pale Blue Dot" capturée par la sonde Voyager 1 utilise des logiciels et des techniques modernes de traitement d'image pour revisiter la célèbre vue de Voyager tout en cherchant à respecter les données et l'intention originales de ceux qui ont planifié les images.
Credits: NASA/JPL-Caltech

D'ailleurs, pourquoi il y a des galaxies ?

On ne sait pas exactement ce qui fait que les galaxies forment des ensembles cohérents. Car la gravité seule ne semble pas suffisante pour expliquer ce qui retient toutes ces étoiles entre elles.

Souvent, comme pour la Voie Lactée, il y a au centre un trou noir géant qui, comme le Soleil au centre de notre système, entraîne autour de lui les étoiles dans une danse orbitale gigantesque. Je te reparlerai plus tard des trous noirs, ces monstres cosmiques qui repoussent les limites de la physique.

Mais il y a quelque chose de surprenant dans la façon qu'ont les étoiles d'orbiter le trou noir de notre galaxie.

La vitesse des étoiles et du gaz ne respecte pas exactement ce que l'on a observé pour les orbites des satellites autour de la Terre.

Ce principe orbital a un nom : les lois de Kepler.

Elles dictent entre autre, que la vitesse d'une planète sur son orbite est inversement proportionnelle à sa distance au centre, un résultat qui est toujours vrai dans un système dominé par un corps central comme la Terre, ou le Soleil.

C'est ce qu'on avait observé avec les satellites qui tournaient de moins en moins vite au fur et à mesure que l'on s'éloignait de la Terre.

Ce principe devrait se généraliser une galaxie, surtout lorsqu'il y a un trou noir au centre et qui serait la cause de la rotation. Mais ce n'est pas le cas.

Si au plus proche du trou noir, il est attendu que la gravité ait des propriétés étranges, le gaz à l'extérieur de la galaxie peut normalement être considéré en orbite classique autour d'un corps central et devrait donc suivre une loi similaire à celle qui régit la vitesse des planètes du système solaire.

Des observations à l'aide de puissants radiotélescopes commencèrent et les premiers résultats furent publiés à la fin des années 1970.

Les résultats furent surprenants. Les courbes de rotation ne chutaient pas à l'extérieur des galaxies mais restaient obstinément plates : La vitesse des éléments restait constante au lieu de diminuer. Comme si quelque-chose d'invisible rendait l'ensemble rigide, au lieu qu'il soit composé de corpuscules indépendants.

Ceci implique aussi que la matière des galaxies s'étendrait bien au-delà des limites visibles. Chaque galaxie devait être entourée d'un halo de matière invisible, dont la masse devait être plusieurs fois supérieure à celle de la partie visible.

Il existe donc de la matière de l'Univers qui nous est cachée. On lui a donné le nom de matière noire, mais elle n'est pas sombre, elle ne cache rien, elle est juste complètement indétectable.
Mais les calculs semblent indiquer qu'elle composerait 80% de la masse de l'Univers.

Comment sait-on qu'elle est bien réelle ? On en observe ses effets.

De la même manière que Kepler a pu décrire mathématiquement les orbites sans comprendre la gravité, que Newton a pu expliquer les prédictions de Kepler avec la gravité sans comprendre ce qui en est la cause, avec la matière noire, et uniquement avec elle, nous pouvons construire un modèle orbital des galaxies qui fonctionne sans savoir de quoi elle est faite ni ce qui l'a créée.

On sait en revanche ce qu'elle n'est pas.
La matière noire n'est pas de l'antimatière.

L'antimatière, malgré son nom très science-fiction existe vraiment et n'est simplement que de la matière dont les éléments sont de charge inversée. Les protons sont de charge négative et les électrons de charge positive au lieu de l'inverse dans la matière dite conventionnelle.
Si de l'antimatière et de la matière d'un même élément chimique se rencontrent, ils transforment leur masse en énergie pure et disparaissent.

On sait créer et détecter cette antimatière. Mais ce n'est pas le cas de la matière noire.

Tu es probablement intrigué et espére que puisse t'en dire plus sur cette matière noire, mais je ne peux pas. À l'heure actuelle, personne ne le peut, même les plus grands scientifiques ignorent ses propriétés. On sait juste qu'elle est là, qu'elle serait très peu dense et répartie dans tout l'Univers, car on en détecte les effets mais c'est à peu près tout.

Sans elle, il n'y aurait pas de galaxies ni d'amas de galaxie

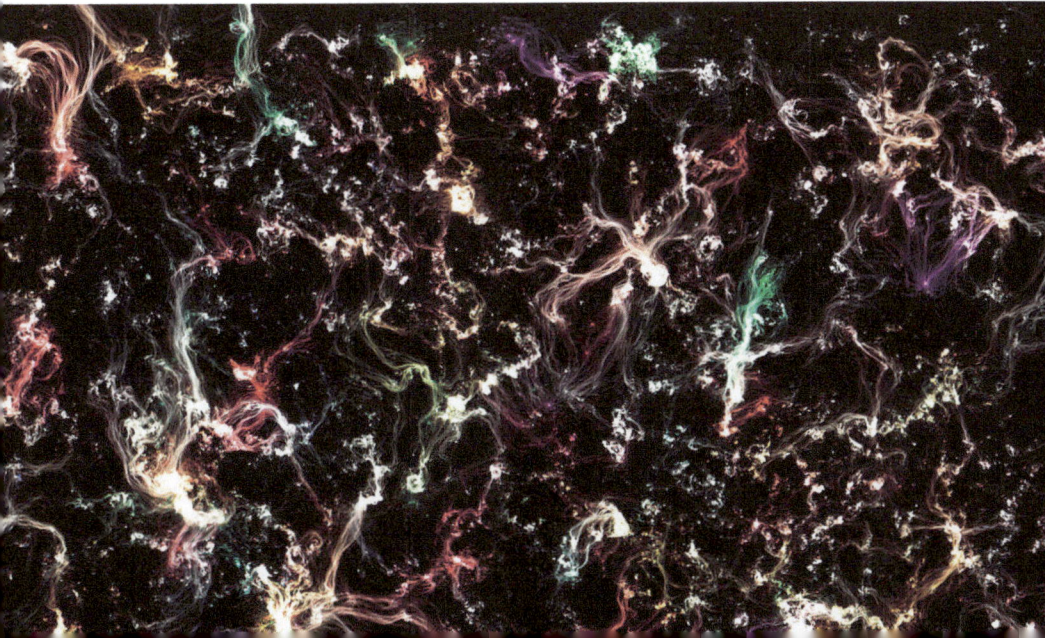

Avec la gravité qui attire les éléments les uns vers les autres et d'un autre côté l'expansion de l'Univers qui les éloignent, n'imaginez pas un Univers avec des galaxies bien réparties dans l'immensité de notre réalité.

Les galaxies sont regroupées en groupes ou amas, comme des poches, des bulles sans frontière physique où la matière se regroupe.

Souvent, les groupes et amas eux même s'attirent et gravitent en groupe.

C'est ce que l'on appelle un superamas. Et c'est notamment ce comportement qui ne devrait être possible sans la matière noire, qui agit comme un liant, une colle qui force cette cohésion dans l'Univers.

Notre adresse est donc :
Terre, Système Solaire, voisinage interstellaire, voie lactée, groupe local, superamas de la vierge, superamas locaux...

Et c'est tout.

Au dessus de ces super amas, la prochaine échelle de taille, c'est l'Univers lui-même.

Qu'est ce que l'on sait de l'Univers ?
L'a-t-on cartographié entièrement ?
Est-ce qu'on pourra le faire un jour ?

Tu sais déjà que ce que tu voies dans le ciel, c'est une collection d'image d'étoiles il y a plus ou moins longtemps.

Est-ce qu'il existe une limite, une fin ?

Terre

Système solaire

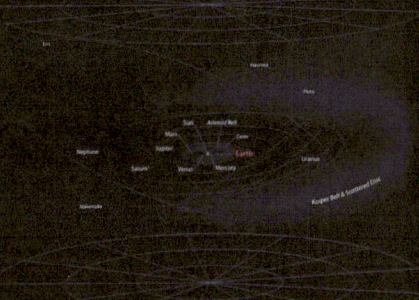

Voisinage interstellaire

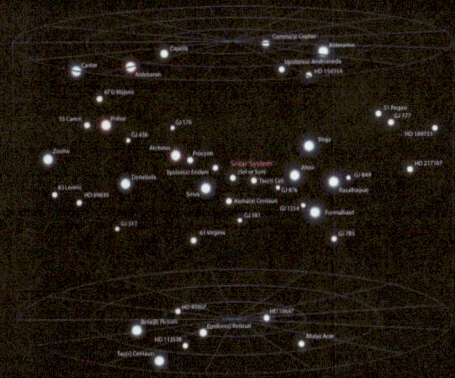

Voie Lactée

GROUPE LOCAL

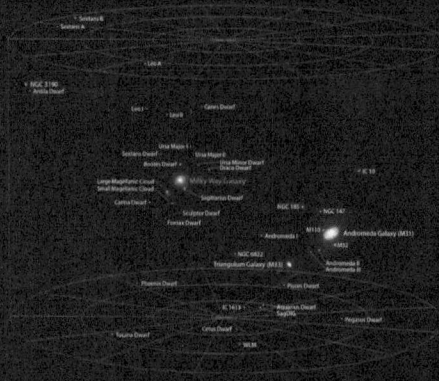

SUPERAMAS DE LA VIERGE

SUPERAMAS LOCAUX

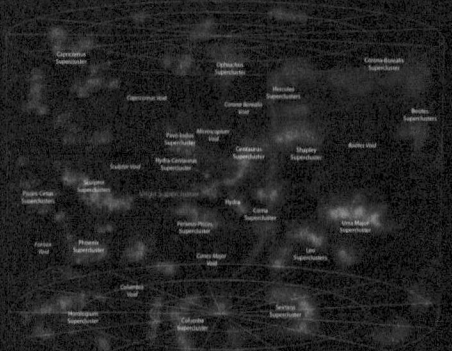

UNIVERS

Il y a bien une distance, donc un moment passé lequel nous ne pouvons plus remonter dans le temps.

Comme je te l'ai déjà dit, l'Univers n'a pas toujours été là.

Il est né il y a 13.7 milliards d'années suite à un évènement que l'on appelle Big Bang. On ne sait toujours pas ce qui a produit cette explosion.

Lorsque l'on regarde au loin, on voit que plus les étoiles et les galaxies sont éloignées, plus elles s'éloignent vite de nous. La longueur d'onde de leur rayonnement est systématiquement plus grande, car, à la manière d'une sirène qui s'éloigne, chaque vague de l'onde est étirée à cause de la vitesse. C'est le red-shift.

Elle viendraient vers nous, les ondes seraient au contraire comprimées, auraient des longueurs d'onde plus courtes.

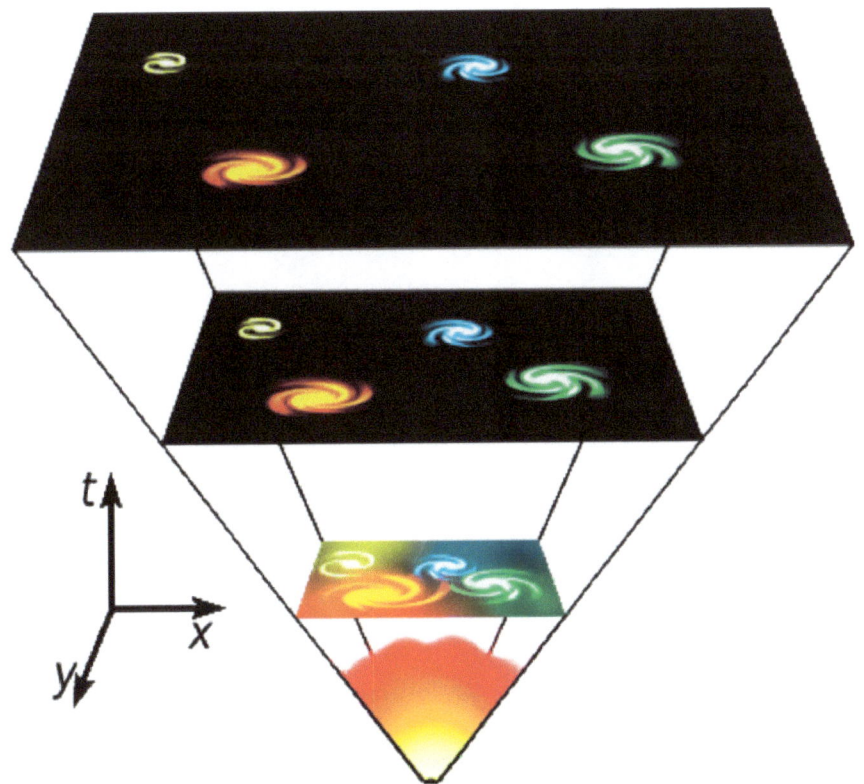

Cela veut dire que si l'on remonte le cours du temps, tout tenait en un seul et unique point d'où tout est parti.

Il y a donc tout autour de nous une sphère de 13.7 milliards d'années-lumières de rayon qui représente un horizon d'observation absolument infranchissable. Nous ne pourrons jamais voir plus loin que cette limite, car plus loin, c'est plus tôt, et plus tôt, il n'y avait rien.

Mais on sait que les étoiles ne sont pas restées immobiles pendant tout ce temps, pour la majorité d'entre elles, elles se sont éloignées. Même si certaines ont disparu depuis, on peut calculer leur position théorique.

Le diamètre de l'Univers observable est estimé à environ 93 milliards d'années-lumière. C'est plus de 3 fois la taille de la sphère d'observation directe. L'Univers s'étend donc à une vitesse impressionnante.

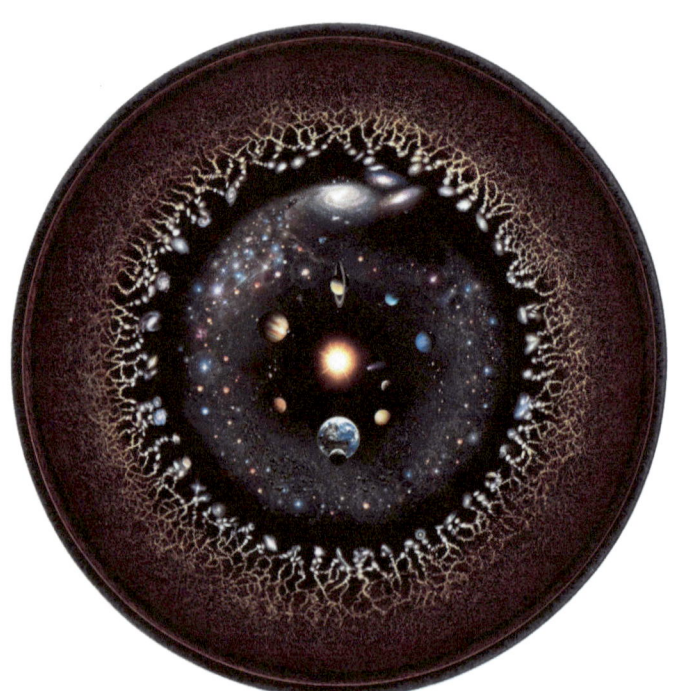

Représentation circulaire de l'Univers observable à l'échelle logarithmique. La distance par rapport à la Terre augmente de manière exponentielle du centre au bord. Les corps célestes ont été agrandis pour apprécier leurs formes.
Crédit : Pablo Carlos Budassi

Mais si nous sommes au centre de cette sphère, est-ce que cela veut dire que nous sommes au centre de l'Univers?

Est-ce que le Big Bang a eu lieu à l'endroit où se situe la Terre ? Absolument pas.

La Terre, Le Soleil, La Voie Lactée, Andromède, tout est autant centre de l'Univers.

En fait, tout corps céleste peut être considéré comme un centre de l'Univers. Ou plutôt, rien ne l'est.

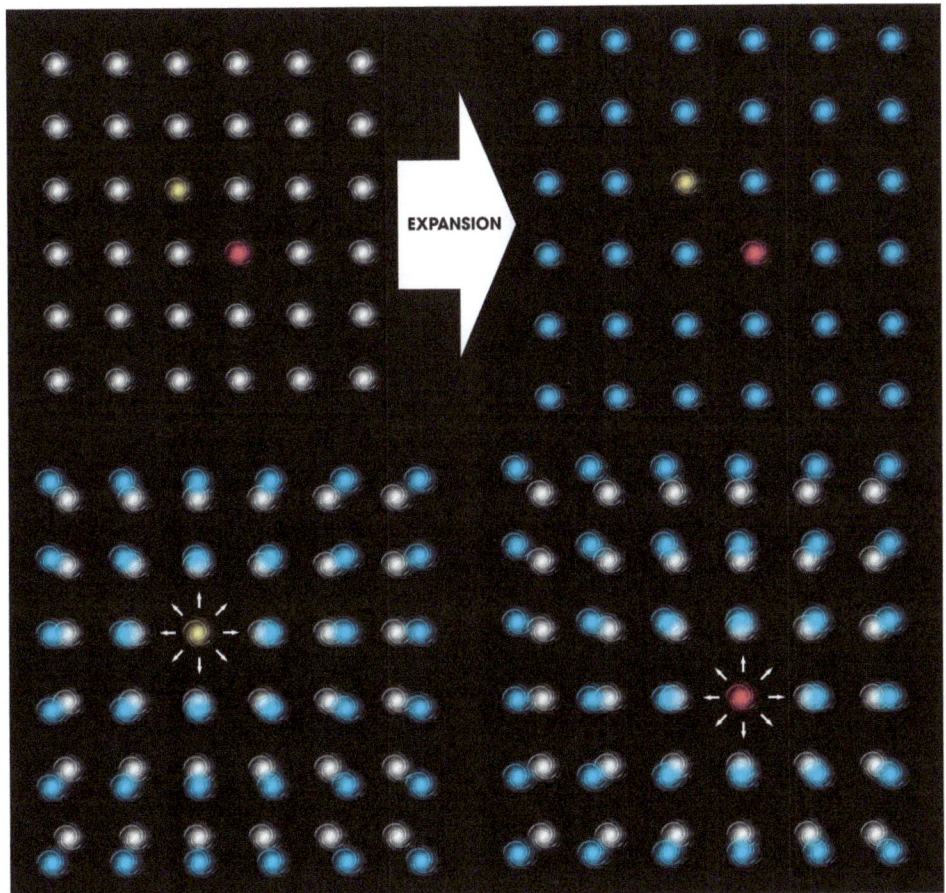

Cela va être compliqué à imaginer, mais en réalité, tout point dans l'Univers est soumis à la même illusion d'optique.

L'Univers ne s'étend pas depuis un point mais il s'étend tout court.

L'Univers n'a pas de bord, de fin, à proprement parler. Il est infini.

Notre esprit n'est pas fait pour comprendre l'infini. Quand je te dis infini, tu imagines probablement juste très très très grand. Mais non, c'est une infinité plus grand encore.

C'est tellement grand l'infini que parfois ça devient absurde :
Imaginons que tu soies maître d'hôtel dans un établissement disposant d'un nombre infini de chambres. Toutes les chambres sont actuellement occupées et elles le sont pour une durée infinie.

Un client potentiel se présente à toi et te demande s'il est possible de dormir dans ton charmant hôtel.

Si tu réponds que ce n'est pas possible pour lui de venir, c'est à cause de la limite que s'impose naturellement ton esprit. La réponse serait juste si on parlait d'un établissement avec 10 000 chambres ou même 10 millions de milliards de chambres.

Mais cet hôtel est infini, réellement et mathématiquement infini.
Cela veut dire que malgré toutes les chambres occupées, tu peux loger un individu de plus.

Comment ?

Pour la prochaine nuit, tu lui donnes la chambre 1, par exemple.

L'ancien occupant de cette chambre va aller dans la chambre 2, forçant son occupant à déménager à la chambre 3, forçant son occupant à aller dans la chambre 4 et ainsi de suite.

Cela fait une infinité de déménagements, mais l'infini +1... c'est toujours l'infini. et une infinité de chambre peut accueillir une infinité de clients.

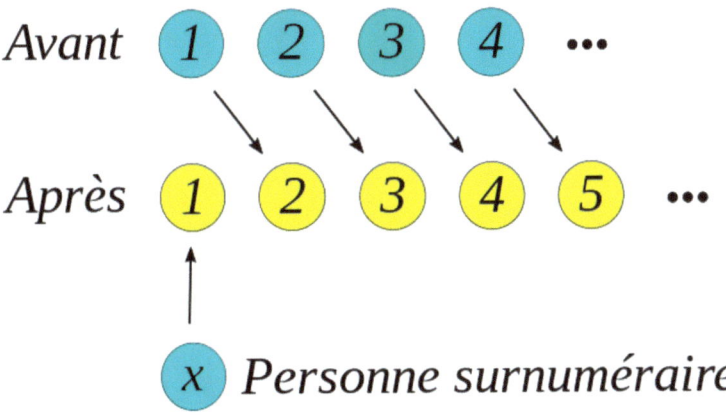

Si tu veux t'imaginer l'infinité de l'Univers plus simplement, sache qu'il existe une théorie, assez controversée, selon laquelle si l'on voyage suffisamment longtemps dans une direction, on finit par rejoindre son point de départ.

Mais tout cela fonctionnerait tout autant s'il était infini, c'est juste plus facile à visualiser pour nos esprits limités.

Comme sur la surface de la Terre en un sens. Tu peux aller tout droit sans jamais atteindre le bout de la Terre.

Imaginons que tu sois un être qui ne connait que 2 dimensions, l'infinité d'une sphère serait un concept absolument impossible à s'approprier.

Sauf que tu le sais, le bout du monde n'existe pas. Et ce, même si la Terre a une taille définie.

C'est en un sens la raison pour laquelle il n'y a pas fin, et donc pas de centre d'expansion de l'Univers.

Et de la même manière que lorsque tu gonfles un ballon, il n'y a pas un point à la surface du ballon qui en est le centre, mais d'où que tu prennes ton référentiel, les points autour s'en éloignent.

L'Univers semble parfois si peu intuitif dans son fonctionnement.

Des distances entre les astres jusqu'à sa taille infinie en passant par les durées qui dépassent nos capacités intellectuelles... nous ne sommes pas faits pour le comprendre intuitivement.

Mais depuis toujours notre espèce a su s'équiper d'outils.
Comme le cailloux par exemple, l'outil originel, nous permettant de faire ce que nos mains ne pourront jamais faire seules.

L'humanité a su se construire une collection outils intellectuels, qui nous a permis de donner un sens, une logique, const ruire des modèles et ainsi dépasser les limites de notre propre compréhension.

Cette boite à outil, la science, création abstraite imaginée par des êtres composés de poussière d'étoile, c'est en un sens l'Univers qui a créé de quoi s'analyser et se comprendre lui-même.

Je sais pas toi, mais moi quand j'y pense, je trouve cela au moins aussi incroyable que l'Univers lui-même.

Chapitre 6
La danse des corps célestes

Toujours allongé-e sur ta plage ?

Profite-en pour sentir le sable qui s'écrase sous ton poids, au niveau de ta tête, de tes épaules, de ton dos, de tes jambes, de tes talons.

Sent cette force qui te plaque au sol et te retiens de plonger dans cet océan infini d'étoiles.

Il faut que je te parle un peu de la gravité et surtout de son origine.
Car c'est important, notamment pour comprendre la danse des corps célestes.

Mais un tout petit point d'abord sur les dimensions, car étonnamment c'est lié.

Un point géométrique c'est la dimension 0. Il n'a aucune taille, aucune dimension.
2 points forment une ligne, qui a une longueur, une dimension.
3 points forment un plan, avec une longueur et une largeur, 2 dimensions.

Nous, les humains, avons l'habitude de penser que le monde se résume dans les 3 dimensions que nous connaissons. Longueur, largeur, hauteur ou épaisseur.

Pour les plus malins, nous voyageons aussi malgré nous dans une 4e dimension, le temps, dimension sur laquelle nous n'avons pas le contrôle.

En réalité on utilise bien les 4 dimensions au quotidien. Lorsque nous prenons rendez-vous, nous nous accordons sur une adresse, donc des coordonnées en 2 dimensions, un étage, 3e dimension, mais aussi une heure, 4e dimension.

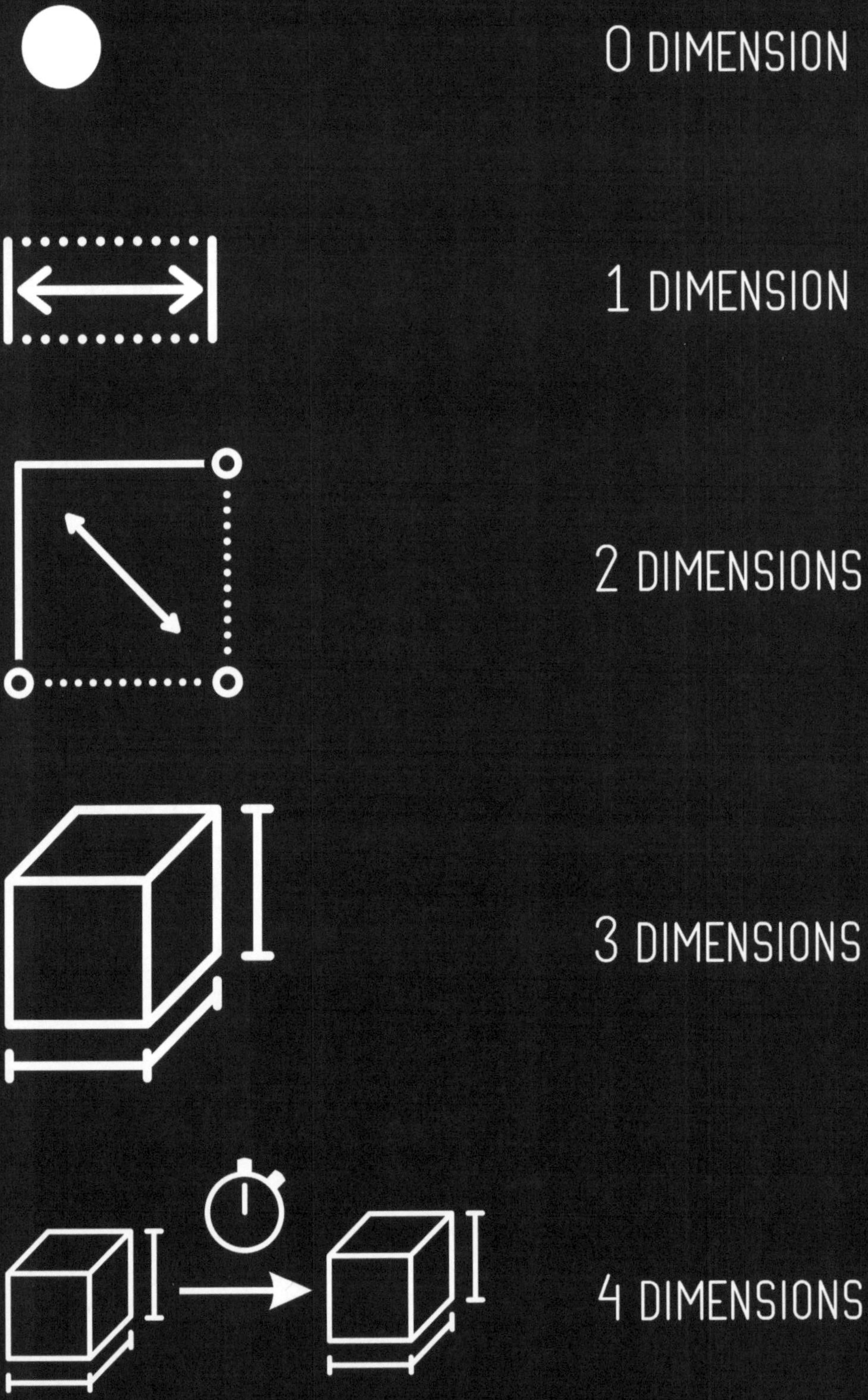

0 DIMENSION

1 DIMENSION

2 DIMENSIONS

3 DIMENSIONS

4 DIMENSIONS

Mais en réalité il y en a bien plus, on ne sait pas combien exactement. 10, 26 ? La science n'a pas apporté de réponse définitive sur le sujet. Nous ne sommes donc pas beaucoup plus forts qu'un être 2D qui ne peut comprendre notre univers en 3D.

Si l'on déforme un plan en 2 dimensions, et que l'on ne connaît pas la 3e dimension, il se passe alors des choses incroyables : une feuille de journal dont on fait toucher les coins, c'est la possibilité pour notre être 2D, de se télétransporter d'une extrémité à l'autre du plan, de manière instantanée. Sorcellerie que voilà !

Alors telle une échelle de distance réduite, on va réduire le nombre de dimensions pour pouvoir s'imaginer la gravité.

On va garder l'image de la surface du ballon gonflable comme bon moyen de visualiser l'espace-temps, le canevas de l'Univers qui réunit donc en 2D les 4 dimensions que l'on connaît.

Pour éviter que tu gardes trop en tête la vision, certes confortable, de l'Univers qui boucle sur lui-même, on va imaginer le ballon infiniment grand, tellement grand qu'on dirait une surface plane. Comme pour la Terre qui paraît plate quand on est au sol.

Pareil, sauf que là c'est une sphère infiniment grande... donc il est impossible de retourner au même endroit.

C'est bon ? Tu as donc face à toi une surface infinie, plate, élastique au toucher.

Imagine maintenant que tu y places un œuf, la surface s'enfonce là où tu as déposé l'œuf et forme un creux qui s'étend quelques dizaines de centimètres tout autour.

Si tu y mets maintenant une boule de pétanque, un peu plus grosse, mais surtout bien plus dense, la courbure de la surface est bien plus grande.

Cet effet, cette courbure de la surface qui dépend de la masse de l'objet posé dessus, c'est exactement le fonctionnement de la gravité.

Laisse donc la boule de pétanque sur la surface et pose une bille un peu plus loin. Si la bille est hors du creux de la boule de pétanque, rien ne se passe. Si par contre, la bille est posée quelque part dans le creux, elle va rouler jusqu'à atteindre la boule de pétanque.

La masse d'un corps déforme l'espace-temps, créant ce creux capable d'attirer les objets les uns contre les autres.

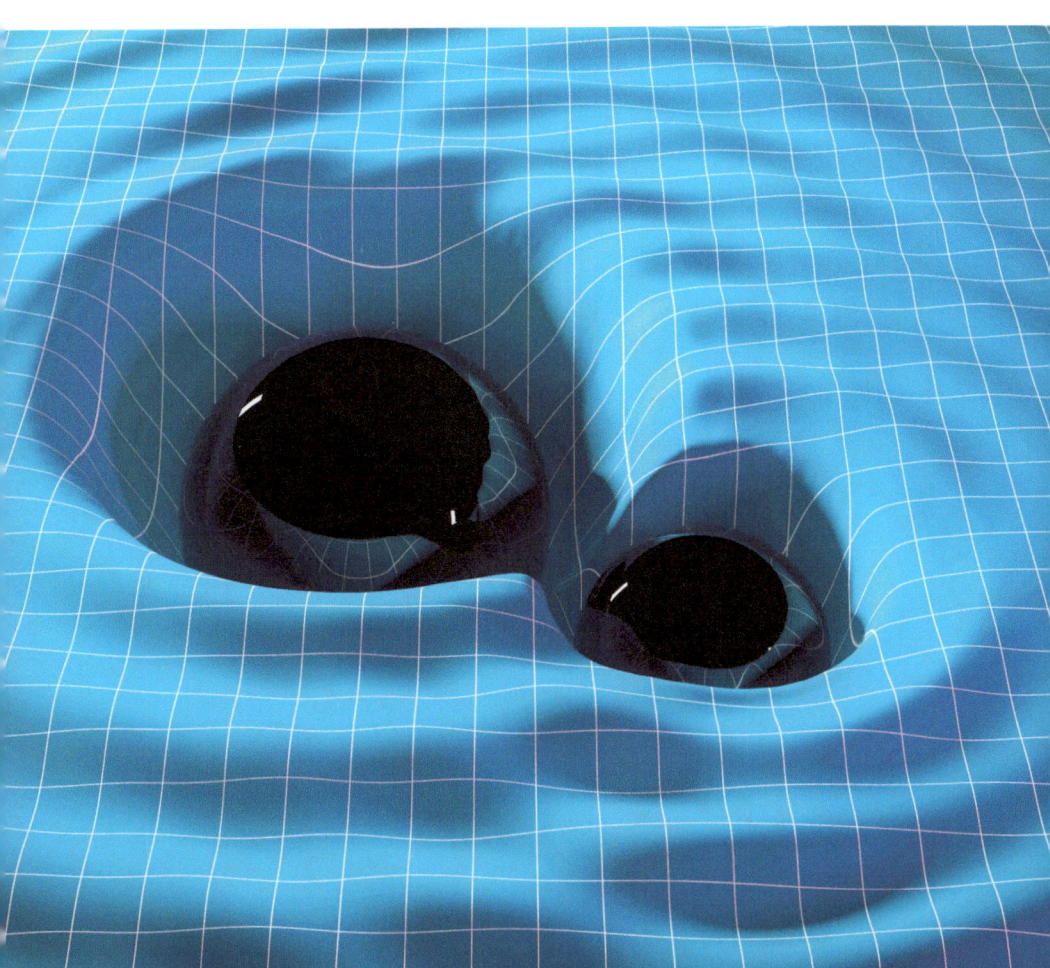

Alors non, n'imagine pas voir un jour des entonnoirs dans le ciel, je te rappelle qu'il s'agit ici d'une représentation simplifiée dans laquelle on a retiré des dimensions pour que cela soit imaginable par nos esprits limités.

Avec cette image en tête, je vais pouvoir t'expliquer pourquoi, quand on a vu les différentes orbites, plus on était loin, moins on tournait vite autour de la Terre.

Imagine maintenant que cette bille, au lieu de la poser dans le cône, tu lui donnes un petit élan. Elle ne va pas tomber droit au fond du cône, mais va alors faire une courbe avant de rejoindre la boule de pétanque.

Si tu lui donnes beaucoup d'élan, elle va alors pouvoir quitter le cône et continuer tout droit.

En jouant sur la vitesse de lancer, tu devrais arriver à faire en sorte que la bille fasse plusieurs tours autour de la boule de pétanque avant de s'y cogner.

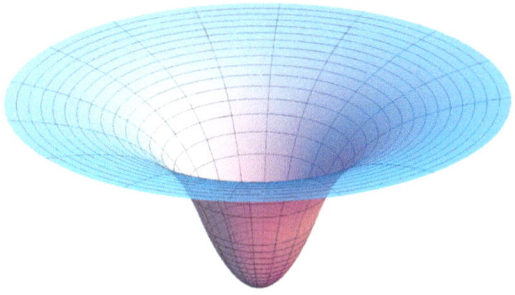

Plus tu es loin de la boule de pétanque, plus la pente pour la rejoindre est faible, et donc moins la bille est attirée vers la boule. Pas besoin de la lancer très vite.

A l'inverse, si tu es proche de la boule de pétanque la vitesse doit être importante pour éviter de tomber au fond du creux.

Voilà pourquoi l'ISS, très proche de la Terre, doit tourner à 27 600 km/h pendant que la Lune, beaucoup, beaucoup plus éloignée, ne se déplace qu'à 3 700 km/h.

Ce concept de déformation de l'espace-temps, c'est ce qui fait la différence entre la gravitation expliquée via Newton, où la cause n'est pas expliquée, et la version d'Einstein.

Si tu ne touches pas un objet, que tu ne lui appliques aucune force, au choix, soit il ne bouge pas, soit il se déplace en en ligne droite indéfiniment à vitesse constante.

C'est ce qu'on appelle un mouvement rectiligne uniforme.

Si on y réfléchit, ne pas bouger, c'est juste un mouvement rectiligne uniforme avec une vitesse nulle.

Sur Terre, si tu fais rouler un ballon bien équilibré sur un sol plat, régulier, comme un terrain de basket par exemple, il va rouler en ligne droite jusqu'à rencontrer un obstacle ou s'arrêter de lui-même au bout d'une centaine de mètres, voir peut-être bien plus.

S'il s'arrête, c'est à cause des frottements de l'air et du sol qui s'exercent sur lui.

Dans l'espace c'est pareil, sauf qu'il ne s'arrêtera jamais. Mais vraiment jamais.

Et c'est là où la physique newtonienne était face à un mur. Qu'est-ce qui retient la Lune près de la Terre ?

Tu as déjà dû entendre parler de la gravité comme une force.

C'était l'explication avancée par Newton. D'un point de vue calcul sa théorie marche dans la majorité des cas, mais aucun phénomène physique pouvait expliquer comment la gravité fonctionne. Ce n'est pas un effort mécanique, les corps ne sont pas en contact, ce n'est pas non plus électro-magnétique... Alors qu'est-ce que c'est ? Qu'est-ce qui empêche un mouvement rectiligne uniforme ?

En réalité, aucune force, d'aucune nature, n'est appliquée sur la Lune par la Terre. La Lune va bien en ligne droite.
Si la trajectoire est rectiligne, mais que la Lune tourne autour de la Terre, c'est parce que la surface sur laquelle cette ligne est tracée est un cône spatio-temporel.

C'est là tout le génie d'Einstein. Comprendre que la physique n'avait pas tort sur ses principes de base, mais penser au-delà des habitudes, au-delà du visible pour l'homme.

Cela veut dire que la Lune autour de la Terre, la Terre autour du Soleil, tous ces corps en orbite ne sont que des billes lancées exactement à la bonne vitesse et dans la bonne direction pour être dans un état d'équilibre parfait et ne pas tomber au fond des puits de gravité du corps qu'elles orbitent.

Imaginons maintenant qu'au lieu d'une bille qui déforme délicatement la surface souple de l'espace-temps, on décide d'y appuyer une aiguille à tricoter, dont le bout ne peut percer le tissu. Imaginons aussi que l'on y mette un poids conséquent.

Cela implique que le puit de gravité aura la forme d'un cône dont la pente finira quasiment verticale, au plus proche du centre, et s'enfoncera très profondément dans la surface de l'espace-temps.

Ce que nous avons créé... un trou noir.
C'est au final assez simple un trou noir. Un volume tellement petit qu'on peut l'assimiler à un point, on l'appelle d'ailleurs singularité, mais qui possède une masse absolument démesurée, pour sa taille.

Passé un certain point dans le cône, lorsque l'on se rapproche du centre, la vitesse orbitale pour ne pas tomber au fond finit par être supérieure à celle de la lumière.
Cela veut dire que même les photons, les particules qui composent la lumière, les plus rapides de l'Univers, ne peuvent échapper à son emprise et sont aspirés vers la singularité.

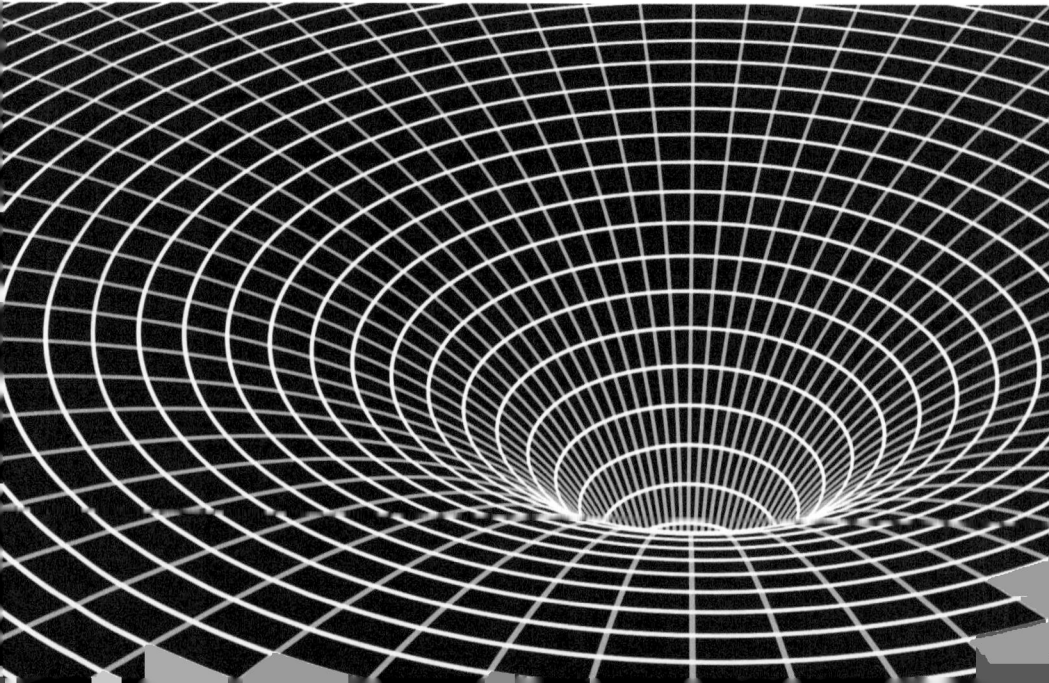

Cela crée alors une espèce de sphère noire, ce qui a donné leur nom au trou noir, car en dessous de son rayon, la lumière ne peut s'échapper. La limite de cette sphère est appelée "l'horizon des évènements".

Tu as dû déjà voir des représentations de trous noirs où l'espace semble déformé tout autour. C'est normal. Avec sa gravité, le trou noir agit aussi comme une lentille.

Car rien n'échappe à la gravité pas même les photons.

Nous pouvons ainsi voir l'Univers et ses étoiles dans un secteur situées derrière le trou noir, écrasés dans une image déformée tout autour de lui, comme si le trou noir ne faisait qu'écarter le ciel sur son passage.

Tous les astres font cela, dans une moindre mesure, évidemment. Nous pouvons au abord du Soleil, voir des étoiles situées un tout petit peu peu derrière lui.

Mais si cette représentation d'un trou noir est juste d'un point de vue optique, il manque un élément non négligeable : son halo.

Directement autour de l'horizon des évènements, la gravité reste si forte que la matière est tiraillée de toute part, disloquée, donc elle surchauffe.

Elle atteint alors une température au-delà de l'état gazeux et devient ce que l'on appelle du plasma et forme le halo de l'horizon des particules, point en-dessous duquel les particules de matière finiront par être aspirées.

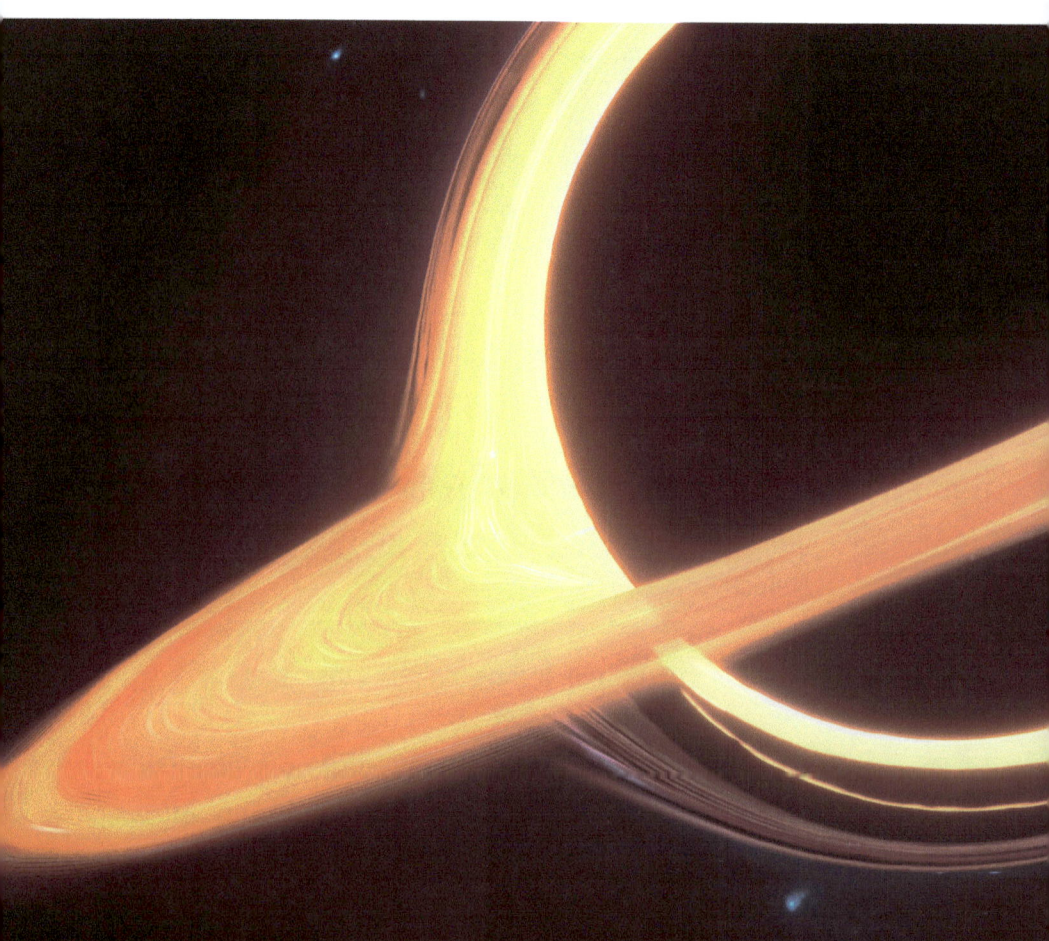

Au-delà de cette distance, je vais te casser une image pré-conçue: un trou noir n'est pas un ogre de l'Univers, aspirant toute la matière comme par magie.

Hors de l'horizon des particules, il répond aux mêmes règles de gravitation que n'importe quel autre corps céleste.

Si le Soleil était remplacé par un trou noir de même masse, nous ne serions pas aspirés, non, nous aurions la même orbite.

Car au final, vu que nous sommes hors de la partie la plus pentue du trou noir, que ce soit une boule géante ou un point, c'est toujours la masse et la distance à laquelle nous nous trouvons qui détermine notre orbite et non le volume de l'astre.

Mais le diamètre de son horizon des évènements serait ridiculement petit : 6km seulement.

Les trous noirs sont le cadavre cosmique d'une étoile massive, lorsque qu'elles ne ne transforment pas en supernova, la gravité fait s'effondrer l'astre sur lui-même, puis sur ses débris, puis sur les débris de ses débris jusqu'à ne former qu'un point.

Mais seules les étoiles d'une masse supérieure à 10x la taille du Soleil sont susceptibles de muter en trou noir à leur mort.

Tu as maintenant les outils pour comprendre la gravité, tu as les règles de base de la danse céleste des astres.

Une petite précision autour de la gravité puisque je parlais de l'ISS tout à l'heure.

Tu comprends bien que si l'ISS et la Lune sont dans le cône de gravité de la Terre, il n'y a pas de phénomène magique qui fait flotter les astronautes dès qu'ils sortent de l'atmosphère ?

Alors pourquoi on les voit flotter dans l'espace ?
C'est là la différence entre gravité et pesanteur.

Déjà, cela n'a rien à voir avec le fait d'être dans l'espace, aussi étonnant que ça puisse te paraître.

On sait tout à fait reproduire le phénomène dans l'atmosphère terrestre. Tu peux toi-même le vivre un jour, dans un ascenseur, même si je te le souhaite pas vraiment.

Ils flottent dans la station spatiale car ils tombent autour de la Terre à la même vitesse qu'elle. Oui ils tombent en permanence.

On va refaire une petite expérience de pensée.
On revient sur Terre et on va reprendre une balle, de tennis allez, pour changer. Tu la lances un peu loin.
Elle va alors décrire une courbe jusqu'à tomber au sol.

Si tu la lances plus fort, elle va tomber plus loin.

Au lieu d'une balle de tennis, imagine un boulet de canon, dans un canon surpuissant. Tu allumes la mèche et BAM, le boulet part à plusieurs dizaines de kilomètres.

Comme la Terre est une sphère, avec la courbure, le sol paraîtra un peu plus bas à l'arrivée qu'au départ.

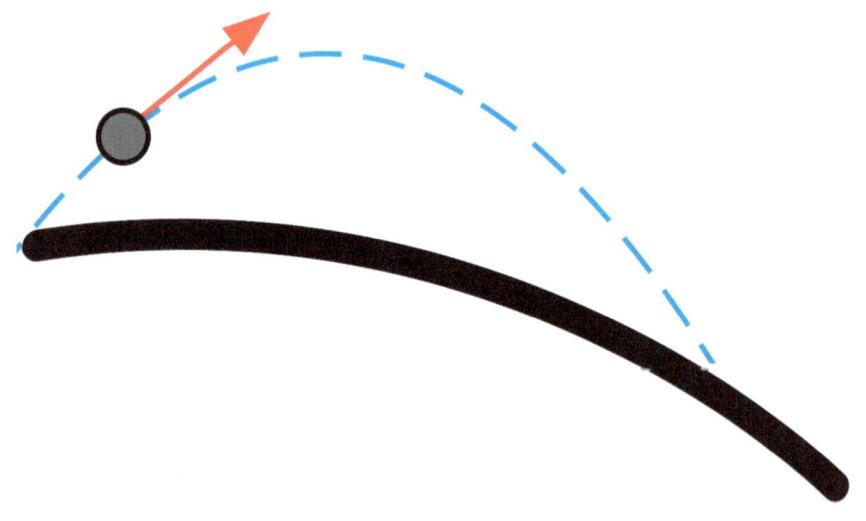

Imagine maintenant que le canon est encore plus puissant. Si la vitesse est bonne, à l'endroit où le boulet aurait dû rencontrer le sol, il n'y aura pas de sol, donc il va continuer à chuter, mais le sol sera toujours trop loin et le boulet continuera à chuter vers un sol qui se dérobe sous lui.

Voilà en substance ce que fait la station spatiale internationale, ainsi que tous les satellites, naturels ou artificiels.
Ils chutent vers un sol courbe qui se dérobe en permanence sous eux et qu'ils ne percutent jamais.

Cela n'explique pas directement le fait que les astronautes semblent flotter dans l'espace, c'est simplement une autre façon de voir la gravité. Mais j'y viens.

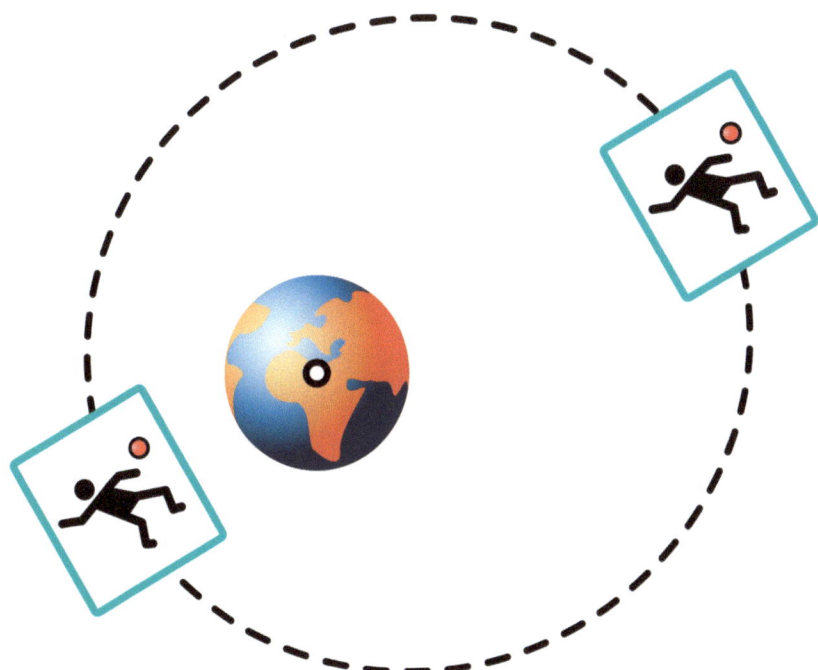

Ce qui fait qu'ils donnent l'illusion de ne pas être soumis à la gravité, c'est le fait que le seul repère qu'ils ont, et que tu as, c'est l'ISS.
Et comment ils partagent la même vitesse, ils ne sont collés à aucune paroi.

Si un jour tu venais à être dans un ascenseur dont les câbles lâchent, en chute libre totale, tu serais toi aussi en train de flotter dans l'ascenseur comme un astronaute. Je ne te le souhaite pas... ce serait une carrière d'astronaute assez courte.

On sait le reproduire de manière bien plus contrôlé avec les fameux vols zéro G.

Avec des avions un peu modifiés pour pouvoir effectuer cette parabole à la vitesse de la chute libre.

Cela permet aux occupants de flotter à l'intérieur de la cabine, pendant quelques dizaines de secondes, comme les astronautes.

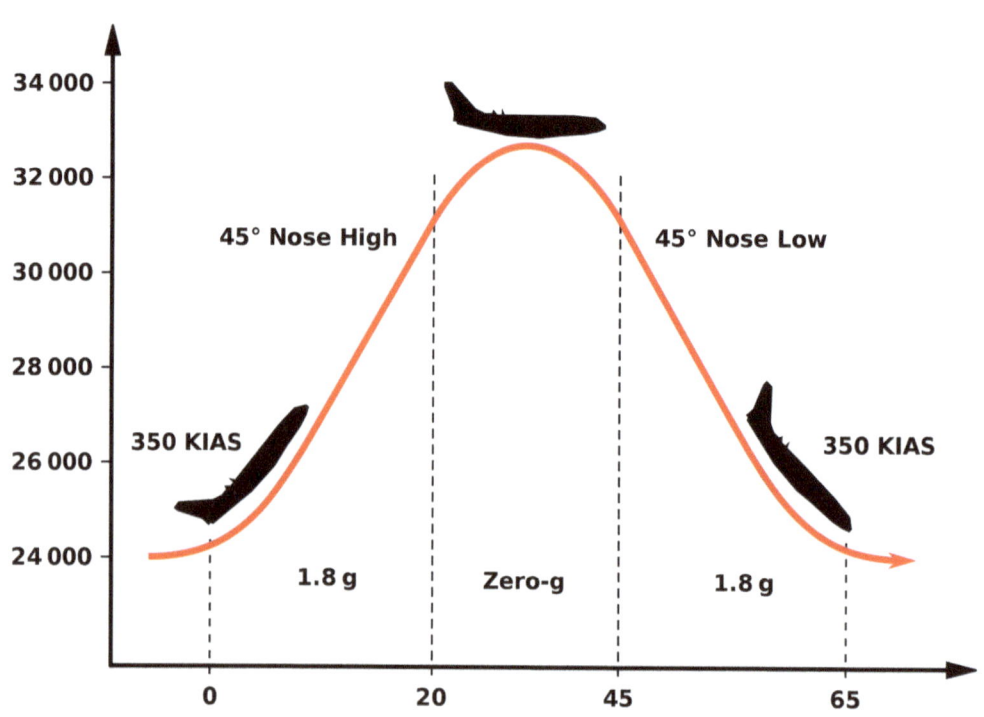

C'est le même type de phénomène que celui qui te colle au fond du siège de ta voiture quand tu accélères, celui qui te projette en avant quand tu freines ou qui te fait bouger à droite ou à gauche dans les virages.

C'est l'accélération. Ou dans le cas de l'ISS, l'absence d'accélération.

Pour finir, je vais te réconcilier avec les ascenseurs.

Tu as déjà dû ressentir une petite sensation de légèreté au moment où l'ascenseur dans lequel tu es termine son ascension et s'arrête à l'étage que tu lui as indiqué.
Dis toi qu'à chaque fois que tu ressens ça, tu es un tout petit peu comme un astronaute.

Au-dessus de toi, autour de toi, se produisent seconde après seconde tous ces mouvements gracieux et impressionnants.

Les astres font les équilibristes sur leur orbite, avec une fragile proportion entre vitesse et gravité.

Les trous noirs sont les magiciens, jouant avec la lumière et les éléments pour les manipuler et les faire disparaître.

Même les astronautes de l'ISS participent à la représentation et font une danse synchronisée avec la station spatiale.

Le ciel est donc le plus majestueux des spectacles de cirque.

CHAPITRE 7
LA FIN DES TEMPS

Seul sur ta plage à l'odeur doucement iodée, avec le ciel qui éclaire les timides vagues de cette mer calme, tu es comme hors du temps.

Tu regardes au loin, hypnotisé par ces ondulations étoilées venant du large qui s'échouent à tes pieds.

Un tel calme, une telle beauté.

On a l'impression que cela a toujours été, et sera ainsi à tout jamais.

Mais on a vu ensemble comment l'Univers a débuté, comment une galaxie se forme, comment une étoile naît et comment la Terre et la Lune se sont créées.

Et comme tout ce qui est naît, un jour tout cela doit disparaître.
Il faut bien permettre la naissances d'autres étoiles et d'autres planètes.

Tout cela, tout ce que tu sens, vois, entends , aura un jour une fin.

Rassure-toi, nous ne connaîtrons jamais ces moments, ni nos enfants ni leurs enfants, ni leurs arrières arrière petits-enfants.

Si je te dis que le Soleil, et donc la Terre, sont à la moitié de leur vie, cela peut paraître inquiétant.
Mais c'est parce que le temps à l'échelle de l'Univers est d'un ordre de grandeur si gigantesque que nous sommes dans l'impossibilité de pleinement intégrer ce que cela représente.

La Terre date d'il y a 4.5 milliards d'années.
L'âge de l'humanité, si l'on prend en compte le plus ancien ancêtre, l'homo habilis, date d'il y a seulement 2,8 millions d'années.

La Terre est donc mille fois et demi plus vieille que l'humanité.

Même présenté comme cela, ces durées sont difficilement compréhensibles alors je vais essayer de te donner une idée en ramenant tout ça à des durées plus humaines.

Une vie humaine c'est autour de 80 ans, arrondissons ça à 100 ans, pour en simplifier le calcul.
Imaginons que cette existence s'écoule désormais en 1 seule seconde.

1, naissance, 2, décès
1, naissance, 2, décès
1, naissance, 2, décès

A cette échelle :
- la révolution française c'était il y a 2 secondes et 3 dixièmes.
- les grecs nommaient les constellations il y a environ 25 secondes,
- les égyptiens construisaient les pyramides il y a 45 secondes.
- L'humanité, quant à elle, a démarré il y a 7h 46 minutes,

- la fin des dinosaures, c'était il y a une semaine et demi,
- l'apparition de la vie, il y a environ 1 ans, 1 mois et quelques jours
- la Terre a été créée il y a environ 1 an, 5 mois et une semaine
- le Soleil, lui, il y a 1 an, 5 mois et deux semaines
- l'Univers quand à lui est apparu il y a 4 ans et 4 mois

Voilà des durées que l'on est mieux en mesure de comparer entre elles, même si la portée réelle de ce qu'elles représentent nous dépassent encore un peu.

Mais cela permet déjà de remarquer que la formation de la Terre a été quasiment immédiate un mois, à notre échelle, après la création de notre étoile.

De même, la vie est apparue, toujours à notre échelle, 4 mois après la formation de la Terre.

À défaut de prouver que la vie est quelque chose de répandue dans l'Univers, c'est en tout cas le signe que dans de bonnes conditions, elle se développe de manière suffisamment importante pour que nous en ayons détecté les vestiges, à notre époque.

Lorsque les conditions sont réunies :température, eau liquide, etc, Il n'est donc pas impossible que la vie soit en fait quelque chose de répandu dans l'Univers,

Quand je parle de vie, je ne parle pas forcément de forme de vies intelligentes capables de conquête spatiale. Je parle de cellules, ou d'êtres peu complexes.

Pour le reste, il est difficile de s'avancer, de tirer des conclusions puisque nous n'avons qu'un cas à notre disposition pour en étudier les principes, le nôtre.

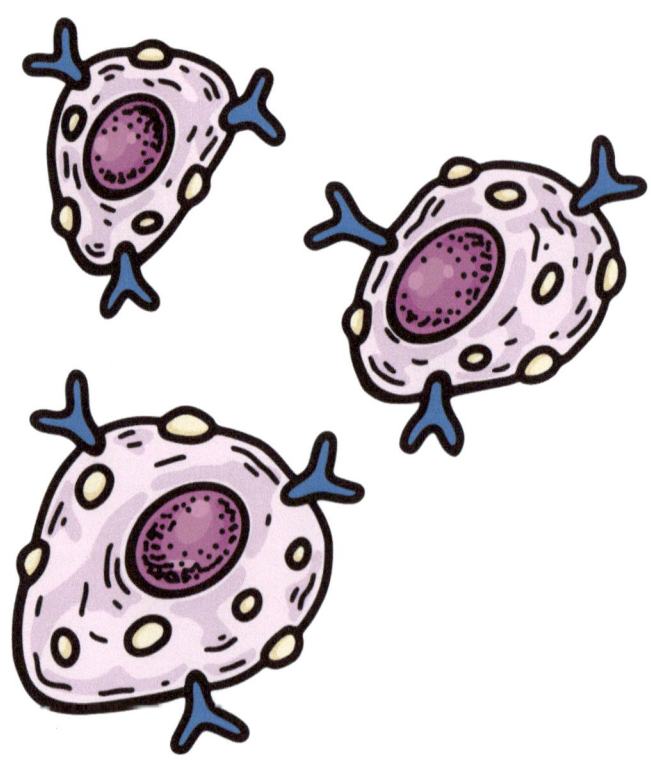

Abordons, si tu le veux bien, la fin de la Terre.

Le destin de la Terre est, comme il l'a toujours été, lié à celui du Soleil

La mort du Soleil est prévue donc pour dans 5.4 milliards d'années, soit 1 an et 8 mois, avec notre échelle.

Notre Soleil est, depuis sa création, le lieu d'une lutte constante entre l'explosion permanente due à la fusion, qui a tendance à vouloir faire gonfler le Soleil, comme toute explosion, et la gravité, liée à la masse des éléments qui composent le Soleil, qui tend à vouloir le faire s'effondrer sur lui-même.

A l'heure actuelle, cette lutte est parfaitement équilibrée. C'est logique en un sens... Si elle ne l'était pas, nous ne serions pas là, en train d'en parler.

Mais cet équilibre va un jour se rompre.

Lorsque l'hydrogène nécessaire à la fusion viendra à manquer, la fusion au coeur de notre étoile va ralentir.

La gravité va donc prendre temporairement le dessus, écrasant le coeur de notre étoile sur lui-même.

Cela aura comme effet d'en augmenter la température, notamment à la surface du Soleil. Comme elle est composée de gaz, ce dernier va alors se dilater.

Le Soleil va donc gonfler tel un ballon.

Il va graduellement passer d'un diamètre d'un million de kilomètres à 100 millions de kilomètres, devenant ainsi une géante rouge.

Sur Terre, le Soleil ne sera plus le disque blanc que l'on peut cacher avec son pouce.

Il remplira alors le ciel d'une couleur rouge sang qui chauffera la Terre jusqu'à atteindre plusieurs milliers de degrés.
Les océans seront alors asséchés, la croûte terrestre sera transformée en lave rougeoyante .

L'étoile continuera doucement à gonfler jusqu'à atteindre 300 millions de kilomètre de diamètre, un rayon d'une unité astronomique, engloutissant alors la Terre et la Lune.

Peu après avoir englouti la Terre, la fin sera très proche pour le Soleil.

Alors que les réserves d'hydrogènes seront épuisées totalement, c'est l'hélium qui commencera à être utilisé pour la fusion et cela génèrera du carbone.
Ce nouveau type de fusion créera alors des explosions d'énergie ultra-violentes qui se transmettront jusqu'à sa surface.
Cette dernière s'envolera alors partie par partie formant un nuage de matière, une nébuleuse.

Ce nuage contient ces fameux éléments lourds qui vont dériver à des vitesses atteignant pour les supernové 30% de la vitesse de la lumière et qui vont permettre de former d'autres systèmes, d'autres planètes, d'autres êtres vivants, possiblement.

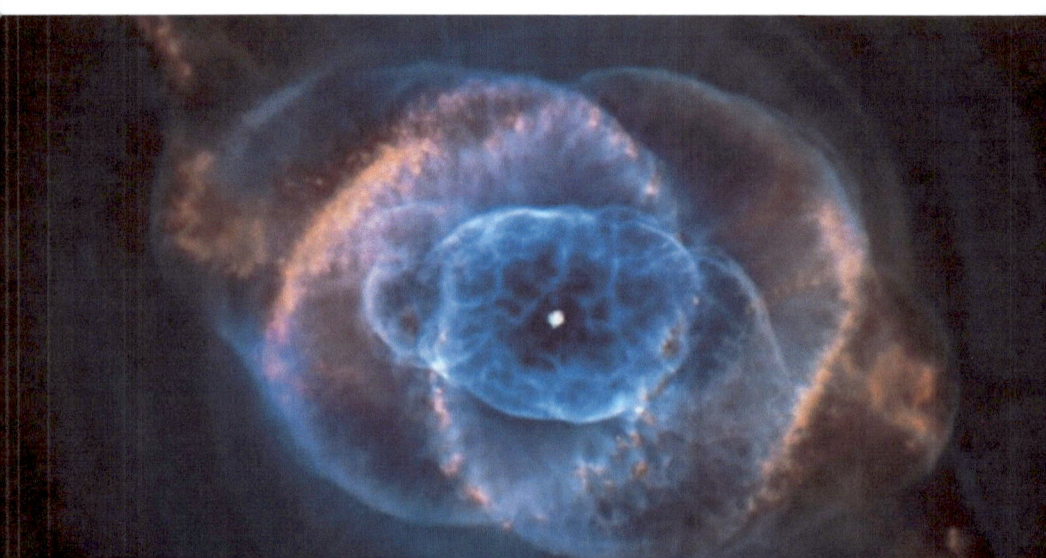

IMais cela ne sera pas une supernova, non.
Notre Soleil n'est pas assez massif.

Notre étoile se sera pas complètement détruite. En son centre, il restera
un coeur dense et brillant, générant une chaleur intense, une naine
blanche.

Ce cadavre d'étoile va alors lentement se refroidir.

De la même manière qu'une boule de métal chauffée à blanc qui perdrait de sa luminosité en se refroidissant, il va briller de moins en moins jusqu'à devenir une naine brune puis une naine noire, en théorie.

Car si l'espace est froid, il ne conduit pas la chaleur. Cette dernière ne peut donc s'évacuer que par rayonnement, ce qui est très long.

C'est si long que l'Univers n'est pas assez vieux pour que l'on ait pu observer une naine noire. Elle restent donc une théorie.

Et la fin de l'Univers ?
Elle est prévue pour quand et comment cela se passera ?

Avant de parler de sa fin, il faudrait commencer par t'en détailler le début.

Avant l'Univers, il n'y avait rien. Pas juste l'absence de quelque chose, mais le néant.

Pas de règles de la physique, pas de matière, pas même de vide, et pas de temps.
Il n'y faisait pas noir. il n'y avait pas de concept de couleur ou même de lumière.

Le rien total.

Si le néant est difficile à imaginer, l'absence de temps est étonnamment celle qui est le plus à la portée de nos esprits. Car elle a une logique.

Pour cela il faut déjà le définir. Alors, réfléchis bien, le temps, qu'est-ce que c'est ?

Le temps est une continuité indéfinie, le milieu dans lequel se déroule la succession des événements et des phénomènes, il est composé d'une infinité de points repérables dans une succession continue.

De chacun de ces points, on peut faire référence aux précédents par un concept que l'on nomme « avant » et les suivants par un « après ».

Sans événement, sans phénomène, sans mouvement quel qu'il soit, sans transfert d'énergie, le temps n'a plus d'existence.

Il ne relie plus rien ensemble dans une évolution, une continuité, car il n'y a rien à relier.

Tu te poses peut-être la question : "qu'est-ce qu'il se passerait si on voyageait dans le temps, revenant avant le Big Bang, mais avec une montre ?"

Outre l'aspect par définition absurde, apporter ce serait-ce qu'une montre c'est apporter avec soi le Temps.

Pas uniquement sa représentation, car une pile reste une réaction chimique, un ressort, de l'énergie stockée qui se transfère à un mécanisme. Tout cela ce sont des évènements que l'on peut relier entre eux.

Alors si tu fais partie du voyage, imaginez un peu le nombre d'évènements que tu peux représenter.

C'est la même logique pour la différence entre le simple vide et le néant. Le vide est l'espace entre le non-vide, la matière par exemple. Sans rien, il n'y a pas d'entre-deux. Donc pas de vide.

Oui, c'est compliqué le néant.

Si je te dis "création de l'Univers", tu as surement déjà en tête le Big Bang, le plus populaire (et le plus probable) des modèles cosmologiques.

La cosmologie c'est la branche de la science qui étudie l'Univers : son origine, sa nature, sa structure et son évolution.

Il ne faut pas confondre la cosmologie et la cosmogonie, qui elle n'est pas basée sur la science mais sur des contes, des légendes, ou des textes sacrés.

Car évidemment, expliquer notre origine, savoir d'où l'on vient, a toujours été une préoccupation des humains, on en retrouve la trace dans toutes les civilisations, aussi loin que l'on puisse remonter.

On ne sait pas ce qui est la cause du Big Bang.

On ne le saura probablement jamais vraiment. Mais on sait qu'il existe car si l'on inverse la direction de ce que l'on observe, tout semble se réunir en un point.

Et si l'on regarde au fond du fond des cieux, il y a ce fond diffus cosmologique, un rayonnement extrêmement homogène, présent dans toutes les directions.

C'est le fossile de l'Univers tel qu'il était il y a 380 000 ans après le Big Bang. Cela correspond à 1h sur notre échelle réduite. à comparer aux 4 ans et quelques qui nous séparent du Big Bang. C'est vraiment allé très vite.

L'Univers était alors mille fois plus chaud et un milliard de fois plus dense qu'aujourd'hui.

Les étoiles et les galaxies n'existaient pas encore.

Ce moment observable est le reste de l'époque où l'Univers est devenu suffisamment peu dense pour que la lumière puisse s'y propager.
Et c'est d'ailleurs pour cela que l'on ne peut observer quoi que ce soit avant ce moment.

Moins de 380 000 ans après le Big Bang, l'Univers était opaque, composé d'un plasma d'électrons et de noyaux atomiques. On pourrait presque comparer ça au coeur d'une étoile unique.

Il aurait pu devenir un énorme trou noir, avec toute cette matière réunie dans un si petit espace.
Mais comme tout était parfaitement homogène, il n'y avait pas de point vers lequel la matière aurait pu s'agglomérer en une singularité.

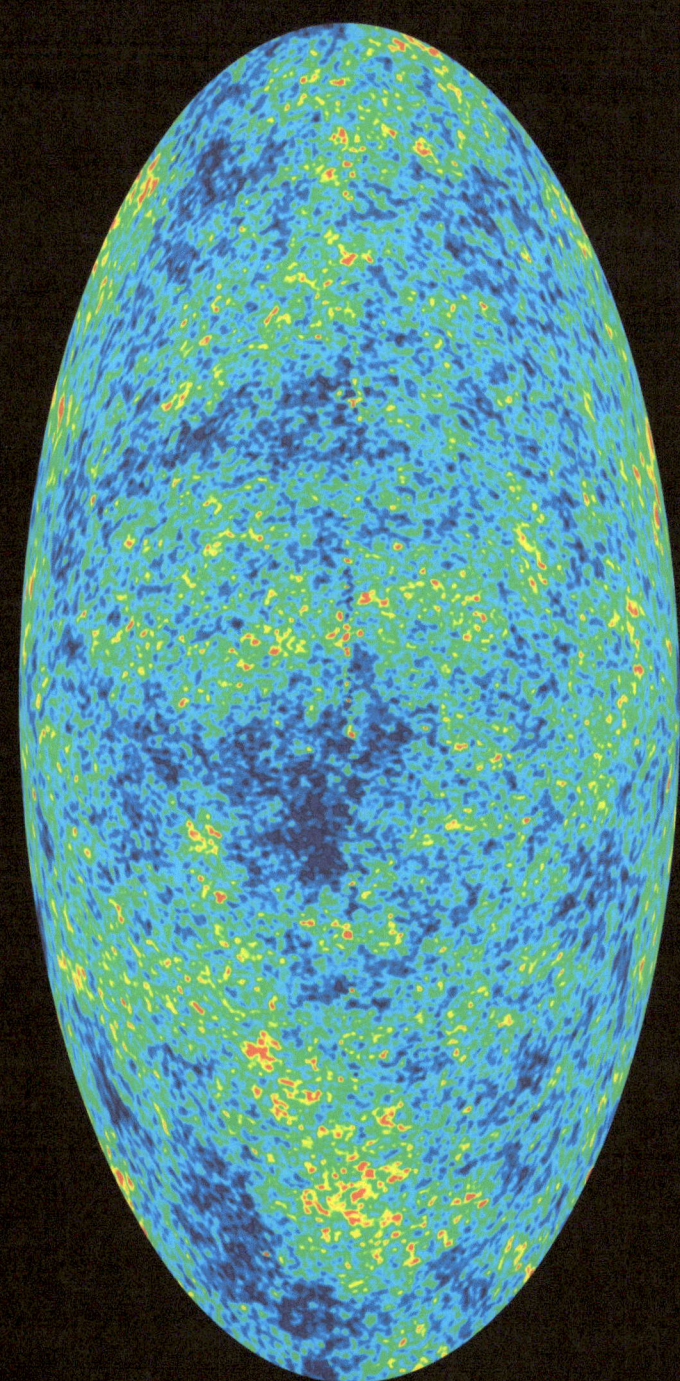

L'image en ciel complet des fluctuations de température (illustrées par des différences de couleur) dans le fond diffus cosmologique, obtenue à partir de neuf années d'observations du satellite WMAP. Ce sont les germes des galaxies, provenant d'une époque où l'Univers avait moins de 400 000 ans.

Credits: NASA

On était alors en présence d'une sorte de soupe cosmique, un mélange de protons, de neutrons et d'électrons. Dans les conditions qui régnaient dans l'Univers primordial, ce n'est que lorsque sa température est descendue en dessous d'un milliard de degrés que les nucléons ont alors pu se combiner pour former des noyaux atomiques. Il n'était cependant pas possible de fabriquer des noyaux atomiques lourds.

Ainsi, seuls les noyaux d'hydrogène, d'hélium et de lithium ont été produits lors de cette phase qui commence environ une seconde après le Big Bang et qui a duré environ trois minutes (Pas sur une échelle réduite. Tout cela est en temps réel).

Remonter en dessous d'une seconde (toujours réelle) après le Big Bang a été difficile et c'est complexe à t'expliquer.

Mais sache que les scientifiques peuvent remonter jusqu'à 10^{-43} secondes après le Big Bang.

0.1, c'est 10^{-1}.
0.01 c'est 10^{-2}.

Cela veut dire que pour 10^{-43}, il y a 42 zéros après la virgule :
0.000000000000000000000000000000000000000001 secondes

L'Univers est donc né d'une explosion d'éléments quasiment instantanée où les températures ont atteint des valeurs ahurissantes.
Puis il s'est dilaté sous l'effet de l'explosion, s'est refroidi, laissant les éléments se transformer en atomes.

Il est ensuite devenu transparent pour devenir l'Univers que l'on connaît aujourd'hui avec ses étoiles fusionnant de l'hydrogène et créant la matière qui nous compose.

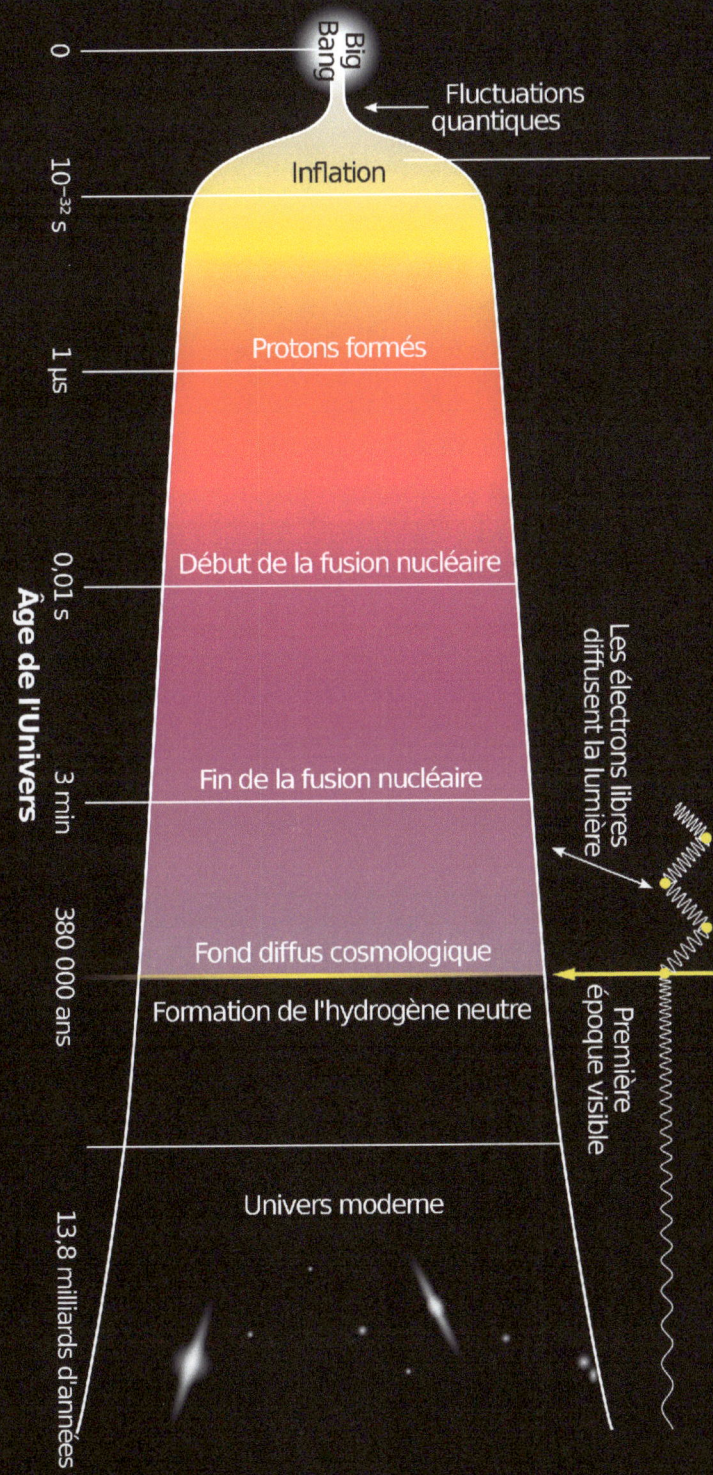

Rayon de l'univers observable

Big Bang

Fluctuations quantiques

Inflation

Protons formés

Début de la fusion nucléaire

Fin de la fusion nucléaire

Les électrons libres diffusent la lumière

Fond diffus cosmologique

Formation de l'hydrogène neutre

Première époque visible

Univers moderne

Âge de l'Univers

0

10^{-32} s

1 μs

0,01 s

3 min

380 000 ans

13,8 milliards d'années

Nous pensions il y a quelques décennies, que l'Univers devait, tel un ressort, perdre la vitesse initiale donnée lors du Big Bang et, par action combinée de la matière et de la gravité, réunir à nouveau tous les éléments en un point unique et disparaître. Le nom de cette théorie, c'était le Big Crunch.

Or, l'Univers ne semble pas décélérer. Au contraire, son expansion s'accélère, sans que nous puissions déterminer pourquoi. On sait juste qu'il faut une grande quantité d'énergie. Et cette énergie, on ne sait pas ce qu'elle est, d'où elle vient, on ne sait même pas la détecter.

Quelque chose dont on observe les effets sans pouvoir l'observer ou en trouver l'origine, ça rappelle un peu le concept de matière noire.

Justement, on l'a appelée cette énergie inconnue "l'énergie noire".
C'est une autre grande énigme scientifique de notre Univers.
L'observation de l'expansion de l'Univers nous indique sa présence, mais nous n'en connaissons rien de plus.

Mais ne pas la connaître ne nous empêche pas d'en déduire la suite probable des évènements.

Une théorie assez logique pour le destin de L'Univers est donc la mort thermique, ou Big Freeze.
.

Alors que l'Univers s'étend, et malgré l'action de la matière noire, la matière prête à être fusionnée, à l'origine des étoiles, sera alors trop éloignée pour s'agglomérer et en former de nouvelles.

Plus aucune réaction ne sera alors possible, il ne restera donc que les naines blanches devenues brunes puis noires sous l'effet de leur refroidissement.

Cela marquera graduellement la fin de l'ère des étoiles, qui sera remplacée par celle des trous noirs, devenant les vestiges des étoiles de jadis.

Cette ère sera encore plus longue que la nôtre.

Mais même elle, aura une fin.
Les trous noirs émettent des rayonnements, ce qui les déleste peu à peu de leur masse, jusqu'à leur évaporation totale.

Lorsque le dernier trou noir aura disparu, l'Univers n'aura alors plus aucune source de chaleur, sa température baissera donc jusqu'à atteindre le zéro absolu, température à laquelle il n'y a plus aucune excitation de la matière, plus un mouvement, même au sein des atomes.

Graduellement ce sera donc la fin, non seulement de toute vie possible dans l'Univers mais, comme on l'a vu, sans réactions, sans transferts d'énergies, sans mouvement, ce sera aussi la fin du temps lui-même.

Rassure-toi, cette mort thermique ne sera pas pour demain. Ni la semaine prochaine.

Ne serait-ce que l'arrêt de la création de nouvelles étoiles devrait prendre entre 1 000 et 100 000 milliards d'années.

Si l'on reprend notre échelle réduite où 100 ans dure 1 seconde, et où l'Univers s'est formé il y a 4 ans et 4 mois, cela équivaut à une fin de l'ère des étoiles prévue dans 316 à 31 600 ans. C'est dans très, très, TRÈS longtemps.

Les derniers rayonnements des trous noirs, sont tellement lointains, que même avec l'échelle réduite, c'est un nombre dont je ne pourrais te faire prendre conscience.

On estime qu'il faudra, en années réelles, 10^100 ans pour que cela se produise.
10 000 000 000 000 000 000 000 000 000 000 000 000 000 000 000 000 000 000 000 000 000 000 000 000 000 000 000 000 000 000 ans

Un milliard, qui est déjà plus grand que tu l'imagines, je le rappelle c'est 1 000 000 000 avec "seulement" 9 zéros derrière. Cela dépasse l'entendement.

Nous sommes donc au tout, tout début de l'histoire de notre Univers, dans une période d'activité fougueuse, la plus propice à la vie.

CONCLUSION

Je t'avais promis, au tout début, que tu n'aurais pas de mot pour décrire ce que tu penses du ciel nocturne, de ce qu'il représente.

Mieux le comprendre n'a pas retiré sa magie, bien au contraire. Désormais tu sais qu'il y a là-haut bien plus que des jolis points brillants.

C'est parfois déroutant voir terrifiant, mais c'est aussi souvent harmonieux et majestueux.

Et encore, nous n'avons que survolé bien des aspects de notre Univers. Je ne t'ai pas parlé en détail des planètes de notre système solaire encore et tu te demandes peut-être si c'est aussi impressionnant, bien que ce soit plus proche de nous.

Ce sont des mondes fantastiques qui méritent autant d'attention que l'Univers en entier.
Mais ce sera pour une prochaine fois, un prochain voyage.

Garde les yeux plein d'étoiles. A bientôt.

www.Ingramcontent.com/pod-product-compliance
Lightning Source LLC
Chambersburg PA
CBHW050806290526
45792CB00001B/6